건축을 시로
변화시킨
거장들

황철호 지음

ARCHILAB

책을 내면서

'그랜드 투어Grand Tour'란 말 그대로 크고 너른 여행 혹은 답사를 의미한다.

우리에게는 잘 알려지지 않았지만 17세기 중반부터 19세기 초반까지 북유럽의 젊은이들은 유럽 전체를 돌아보며 그곳의 자연과 자신들의 문화적 뿌리를 보고 배우는 여행을 하곤 했는데 그것을 '그랜드 투어'라고 한다. 고대 그리스, 로마의 유적지와 르네상스를 꽃 피운 이탈리아, 세련된 예법의 도시 파리 등이 필수 코스였다. 모두 유럽 문명의 뿌리이거나 문화의 꽃을 피운 곳들이다. 여행은 진지한 학습 과정으로 이전의 종교 성지 순례가 세속화된 것이라 볼 수 있었다. 그랜드 투어를 통해 많은 인재가 나왔음은 물론이다.

서양뿐 아니라 동양에서도 여행과 답사를 강조했다. 명나라 말기의 화가 동기창(1955-1636)은 그의 명저 「화안(畵眼)」에서 '만 권의 독서를 하고 만 리를 여행해봐야 가슴에 쌓여 있는 탁기와 먼지를 털어버릴 수 있다.'고 하며 무언가에 일가를 이루려면 독서와 여행을 반드시 해야 함을 천명했다.

건축 분야에도 많은 사례가 있다.

역사상 가장 위대한 근대 거장 건축가 중 한 명인 르 코르뷔지에 또한 수없이 많은 답사를 다닌 것으로 유명하다. 스물다섯이던 1911년 일 년 내내 한 지중해와 동방 여행 이후 그가 달라졌다는 것은 잘 알려졌다.

"그때까지 나는 인간이 아니었습니다. 나는 막 전개되려는 삶 앞에서 독자적인 인간이 되어야 했습니다."

그는 첫 번째 여행 이후 항상 가로 10cm, 세로 17cm 크기의 작은 크로키 수첩을 갖고 다니는 습관을 들였다. 평생 그림을 그리고 탐구한 바를 적으며 그 수첩을 채워 나갔다.

"우리는 눈에 보이는 사물을 내부로, 자기 자신의 역사 속으로 밀어 넣기 위해 그림을 그립니다. 연필 작업을 통해 일단 사물이 내부로 들어오면 그것은 평생 거기에 머물게 됩니다. 그것은 기록되고 새겨지는 것입니다."

젊은 샤를 에두아르 잔느레(르 코르뷔지에의 본명)가 건축가 르 코르뷔지에가 되기 시작한 것이다.

우리나라 최고의 건축가로 꼽히는 김수근은 당시 국립중앙박물관장이었던 최순우와 함께 답사하면서 비로소 한국의 미에 눈 뜨게 되었다고 한다.

"나중에 선생은 나에게 부여박물관의 설계를 맡겨 주셨고, 나는 이 일을 계기로 하루 이틀이 멀다하고 자주 뵙게 되었습니다. 주말마다 지방으로 함께 답사여행을 다녔죠. 일본에서 공부한 탓에 한국에 어두웠던 젊은 건축가에게 한국의 미를 손수 가르쳐 주시기 시작한 것입니다. 어떤 의미로는 나를 한국의 건축가로 이끌어 주신 분입니다. 만일에 최순우 선생을 못 만났더라면 한국의 미를 잘 이해하지 못하는 건축가 또는 건축기술자, 일반설계자로서 머물렀을 것이 틀림없습니다."

스승과 제자는 함께 민가를 답사하고 초가를 실측했으며, 전국의 사찰을 누비고 다녔다. 최순우가 김수근을 데리고 다니면서 교육하는 방법은 독특했다. 별다른 설명도 구체적인 지적도 하지 않으면서 김수근의 눈을 키워 주려고 한 것이다. 이것은 마치 물이 서서히 끓기 시작하여 100℃가 되었을 때 기체가 되는 것과 같은 과정이다. 이러한 과정을 통해 김수근은 한국을 대표하는 건축가가 되어 간 것이었다.

이밖에도 답사와 여행을 통해 새롭게 눈 떴음을 고백하는 건축가는 이루 헤아릴 수 없다.

건축은 형태와 공간으로 이루어져 있으며 이것을 직접 체험하는 것 외에 다른 방법으로 건축물을 제대로 알기 어렵다. 건축에 빛과 그림자가 드리우고, 바람이 불고, 주변의 냄새를 맡고, 소리를 듣고, 손으로 감촉을 느끼는 것을 어찌 책과 잡지로 보는 것과 비교하겠는가. 건축은 인간과의 관계이며 인간의 삶은 담는 그릇이다. 건축과 함께 살며 먹고 이야기 나누는 것이야말로 건축을 배우는 유일한 길이다. 인간에 따른 스케일이 중요한 요소로 작용하는 것이다. 책과 잡지로 건축을 경험하거나 배우는 것은 부분적이고 제한적이고 평면적이고 간접적이고 축소된 것일 뿐이다. 건축을 하는 사람은 느껴봤을 것이다. 책이나 잡지의 사진으로 건축을 보았을 때와는 다른 느낌을 현장에서 받게 됨을 말이다. 따라서 많은 건축가들이 책이나 잡지를 통해 건축을 배우지 말라고 강변하는 것이다.

화가가 그림을 통해 그림을 배우고, 음악가가 음악을 듣고 음악을 느끼고, 소설가가 소설을 읽고 소설을 익히고, 영화감독이 영화를 통해 영화를 알게 되듯이 건축가는 건축을 통해 건축을 알고 익히고 느끼고 배우는 것이다. 그리고 건축가인 혹인 예비 건축가인 당신은 건축을 답사하며 스스로를 확인할 수 있을 것이다. 내가 건축가임을, 건축가가 되고 있음을.

  이 글은 1988년 창덕궁 연경당에서 시작해 30여 년간 답사하고 연구한 작은 결실이다.
  근현대에 활약했던 거장 건축가들의 생각이나 특징을 이해하고 답사 다니면서 직접 보고 느끼고 깨달은 것을 담았다. 인간은 세상에 태어나서 말을 하기 전에 공간과 환경을 먼저 인지한다. 그리고 건축 속에서 살며 사랑하고 울고 웃는다. 인간의 삶을 담은 건축을 설계하는 일은 대단히 힘들지만 그 어느 무엇보다 가치 있는 일이고 아무나 할 수 있는 일이 아니다. 외롭고 힘든 건축가의 길을 걸어가거나 그것을 알고자 하는 지적 호기심을 가진 그대에게 이 작은 책이 동반자가 되길 바란다.

2022년 3월 황철호

목차

2 책을 내면서

10 건축가들의 공인된 스승이자 영원한 탐구자
   르 코르뷔지에 Le Corbusier

18 근대건축 5원칙의 결정판, 빌라 사보아
26 콘크리트 고층 주거의 명품 원조 아파트, 유니테 다비타시옹
36 무한히 성장하는 미술관의 구체적 실현, 동경 국립 서양 미술관

46 유토피아적 세계를 꿈꾸는 영원한 개척자
   프랭크 로이드 라이트 Frank Lloyd Wright

54 주거공간에 녹아든 토털 디자인, 홀리혹 하우스
62 토털 디자인과 구조적 건축의 완전체, 제국호텔
70 영원을 추구하는 유동의 걸작, 구겐하임 뮤지엄

78 시대 정신을 추구한 디테일의 신

　　　미스 반 데어 로에 Mies van der Rohe

86　　극도의 미니멀리즘을 통해 공간과
　　　재료의 풍요로움을 보여주는 걸작, 바르셀로나 파빌리온
94　　미스의 건축 이상이 구현된 최후의 걸작, 베를린 신 국립미술관

102 모더니즘과 지역성의 절묘한 조화

　　　알바 알토 Alvar Aalto

110　　알바 알토에게 헌정된 대학 건축의 백미,
　　　헬싱키 공과대학교 / 알토 대학교 본관 및 대강당
116　　시벨리우스와 알토가 조응하는 건축, 핀란디아 뮤직 홀 및 국제회의장

124 시대를 앞서간 영원한 아방가르드

　　　안토니오 가우디 Antoni Gaudí

132　　그의 영원한 후원자를 위해 만든 궁전이라 불리는 주택, 구엘 궁전
138　　영원히 시공 중인 최후의 걸작, 사그라다 파밀리아 성당 / 성가족성당

148 끊임없이 사색한 침묵과 빛의 거장

　　　루이스 칸 Louis Kahn

158　　자타 공인 루이스 칸 최고의 걸작, 소크 생물학 연구소
166　　건축으로 이룬 공동성의 구현, 브린 모어 대학 기숙사

174	재료와 빛과 디테일의 마술사
	카를로 스카르파 Carlo Scarpa
182	고건축 재생의 명품작, 카스텔베키오 뮤지엄
192	묘지 건축의 걸작 중의 걸작, 브리온 묘지

202	모더니즘 건축과 동양적 미학의 해후
	이오 밍 페이 Ieoh Ming Pei
210	섬세하고 세련된 투명성의 피라미드, 그랑 루브르 유리 피라미드
218	모더니즘과 동양 건축미의 성공적 융합, 미호 뮤지엄

228	가구장인에서 새로운 시대를 열어간 건축가로
	헤리트 리트벨트 Gerrit Rietveld
238	변화와 혁신을 불러온 의자, 레드 블루 체어
244	데 스틸의 이상을 구현한 걸작 주택, 슈뢰더 하우스

252	전통성과 모더니즘의 조화로운 동거
	발크리쉬나 도쉬 Balkrishna Doshi
260	도쉬 자신의 사무소이자 도쉬 건축의 완성작, 상가스 디자인 스튜디오
270	지역성과 모더니즘의 공존과 조화, 간디 노동 연구소

280 개별적 건축에서 도시적 건축으로

알도 로시 Aldo Rossi

292 프리츠커상을 수상하게 한 결정적 작품, 일 팔라조 호텔
300 도시와 함께 살아가는 도시적 뮤지엄, 보네판텐 뮤지엄

310 정박 중인 우주선 '미래호'의 선장

자하 하디드 Zaha Hadid

320 하디드의 첫 작품이자 메가 히트작, 비트라 소방서
332 두 도시를 연결하며 지상에 떠 있는 과학센터, 파에노 과학센터
342 지상에 잠시 정박한 우주선과 같은 아트센터, 아부다비 공연예술센터 계획안

350 지역성과 세계성과의 조화를 위한 분투

김수근 Swoogeun Kim

358 김수근 종교건축의 백미, 경동교회
366 자갈리즘의 실천을 통한 문화명소, 문예회관 극장
374 전통건축의 미학을 구현한 문화명소, 문예회관 미술관

385 감사의 말

388 함께 읽으면 좋은 책

르 코르뷔지에　　1887 – 1965

르 코르뷔지에는 스위스 라쇼드퐁에서 태어난 프랑스 국적의 건축가로 본명은 샤를 에두아르 잔느레Charles-Édouard Jeanneret다. 국제적 합리주의 건축사상의 대표주자이며, 대표 저서로는 국내에도 출판된 『건축을 향하여Vers une architecture』(동녘, 1923.), 『도시계획Urbanisme』(동녘, 1925.), 『모듈러Le Modulor』(씨아이알, 1948.) 등이 있다. 거장 미스 반 데어 로에는 그를 기리며 다음과 같이 이야기 했다.

　"지금 온 세상 사람들이 르 꼬르뷔지에를 위대한 건축가, 위대한 예술가, 진정한 개척자로 인정하고 있다... 그의 가장 중요한 의미는 건축과 도시계획 분야에서 진정한 해방자였다는 사실이다."

건축가들의 공인된 스승이자
영원한 탐구자

  첫 시작으로 근현대 건축 흐름에 가장 큰 영향을 준, 많은 건축가들이 공인하는 '스승 건축가'를 탐구해보고자 한다. 그는 바로 근대가 낳은 가장 위대한 천재이자 거장 중 한 사람인 르 코르뷔지에이다.

  그는 1887년에 태어나 1965년까지 살면서 20세기 근대 건축의 실질적 주역이었다고 할 수 있다. 20세기(2차 산업혁명 시대 – 대량 생산, 전기 에너지 사용, 철근 콘크리트 건축의 대두, 제1·2차 세계대전 발발 등)라는 다면적이며 때로는 모순적이기까지 한 역사의 전환기 속에서 르 코르뷔지에가 일관되게 추구했던 것은 급속도로 산업화·기계화되는 상황 속에서도 인간이 조화롭고 풍요롭게 생활하는 게 가능하며, 건축과 도시 계획을 통해 기능적이고 실용적인 면분만 아니라 이를 초월하여 아름다움과 시적 측면까지도 추구하여 기술과 예술, 그리고 인간의 삶을 통일하는 것이었다.

  그는 한 인간이 거주하는 공간의 구축이라는 핵심으로부터 주거 문제, 그리고 공공적 공간 형성, 도시 문제로 그 범위를 넓혀갔고, 수많은 계획안과 구체적으로 실현 가능한 건축을 통해 그 해결책을 제시했다. 그는 20세기 건축가들에게 큰 영향을 주었고, 그의 작품들은 다른 건축가들의 무분별한 복제와 표피적 모방으로 이어지기도 했다. 하지만 그게 긍정적이든 부정적이든 20세기 건축계의 큰 산맥을 이루고 있다.

우리가 르 코르뷔지에를 이 책에서 첫 번째로 살펴보고자 하는 것은 천재적 능력과 열정, 노력, 그리고 실천력으로 새로운 건축의 열매를 맺었던 그와 그의 건축을 통해 20세기보다 더욱더 변화의 속도가 빨라지는 21세기 패러다임 전환기에 새로운 건축의 가능성을 찾을 수 있다고 믿기 때문이다. 어떻게 보면 눈에 드러나는 르 코르뷔지에의 결과물보다는 그 배후에 있는 눈에 보이지 않는 창조의 정신에 우리가 기대하는 것이 있을 것이다. 이 짧은 글이 그 모든 것을 다 드러낼 수 없을지도 모른다. 단지 진지한 탐구의 여정에 촉매 역할만이라도 한다면 감사할 따름이다.

그가 위대한 건축가의 자리에 오르기까지

스위스의 작은 도시 라쇼드퐁에서 시계 장식 장인인 아버지와 음악가인 어머니 사이에서 태어난 샤를 에두아르 잔느레(본명, Charles-Édouard Jeanneret. 르 코르뷔지에는 필명으로서 1920년에 처음으로 사용했고 이후 그의 이름이 되었다. 1930년에 프랑스로 귀화했다)는 어떻게 보면 대대로 이어져오던 가업인 시계 장식 장인이 될 운명이었다. 그런 그가 르 코르뷔지에라는 위대한 건축가가 된 요인을 필자는 다음의 네 가지로 간략하게 정리하고 싶다.

첫째, 14세인 1900년 라쇼드퐁의 미술학교에 입학하여 스승인 화가 샤를 레플라트니에Charles L'Éplattenier를 운명적으로 만난 것이다. 르 코르뷔지에는 그를 통해 자연과 미술, 그리고 건축을 알게 되었다. 샤를 레플라트니에는 당시 20대 후반의 청년 화가로서 자연의 만물에 심취해 있었다. 그는 제자들을 키 작은 나무들이 우거진 쥐라 산맥의 숲과 넓은 초원으로 데려가 그림을 그리게 했다. 이 시기에 형성된 자연(의 질서, 아름다움)의 영향은 르 코르뷔지에의 감수성, 영감, 창조 정신 속에 영원히 아로새겨진다.

샤를 레플라트니에는 또 하나의 중요한 일을 한다. 그의 제자에게서 건축가의 자질을 보고 르 코르뷔지에를 건축의 길로 이끌어준 것이다. 르 코르뷔지에는 샤를 레플라트니에에 대해 이렇게 적고 있다.

"내 스승 중 한 분(그 분은 정말 뛰어난 스승이시다)은 나를 평범한 운명으로부터 슬며시 구제해주셨다. 그 분은 나를 건축가로 만들고 싶어 하셨다. 나는 건축과 건축가들을 몹시 싫어했다. (…) 열여섯 살이 되자 나는 스승의 결정을 받아들이고 그의 말을 따랐다. 건축에 뛰어든 것이다."

레플라트니에가 직접 르 코르뷔지에를 대가로 만든 것은 아니지만 무엇보다 중요한 기초와 기본기를 닦게 해주었고 건축의 길로 인도했던 것이다.

둘째, 1907년(21세)부터 1911년(25세)까지의 젊은 시기에 발칸 반도, 이스탄불, 그리스, 이탈리아 등 지중해와 동방의 건축과 자연을 답사하고 여행(그 유명한 '동방 여행의 해')하여 건축에 내재된 본질적인 것, 자연과 대면한 인간의 요구에 부응하는 해답을 찾아가게 된 것이다.

그는 여행 수첩(가로 10cm, 세로 17cm 크기의 작은 크로키 수첩을 애용)과 스케치북에 많은 것을 메모하고 스케치하고 느낌을 적고 수채화를 그렸다. 본질과 질서에서부터 건물의 치수와 비례 균형에 이르기까지 줄기차게 탐구한 것이다. 세상과 건축에 대한 또 다른 이해를 갈망하는 젊은 영혼의 끊임없는 탐구는 그렇게 시작했고, 그의 생 전부를 이어가게 되었다. 건축가에게 이것보다 더 중요한 것이 있을까?

건축가가 되려는 젊은 그대여, 스케치북과 연필을 들고 답사하라. 자연의 푸르름과 작열하는 태양을, 나무와 바람과 물을, 그리고 우리의 선배들이 만들어놓은 건축들을. 생각을 깊게 하고 손을 훈련하면 그대는 드로잉을 할 수 있을 것이다. 그리고 건축을 만들어낼 수 있을 것이다.

셋째, 훌륭한 스승을 많이 접하고 배울 수 있었던 것이다. 빈에서는 요제프 호프만Josef Franz Maria Hoffmann, 리옹에서는 토니 가르니에Tony Garnier, 파리에서는 오귀스트 페레Auguste Perret, 그리고 베를린에서는 피터 베렌스Peter Behrens의 문하에서 일하거나 단기간 배울 수 있었다. 비록 그 기간이 길지는 않았지만 역사에도 기록되어 있는 당대 가장 창의적인 건축 스승들 밑에서 수련을 받은 것은 새로운 건축을 할 수 있는 토대와 시각을 얻을 수 있는 계기가 되었다.

위대한 스승이 위대한 제자를 낳는 것을 역사를 통해 많이 볼 수 있다. 이때 스승에게서 배우되 스승을 복제하는 것이 아니라 자신을 찾는 것이 제일 중요하다. 르 코르뷔지에는 그들에게 배우되 자신을 찾았고, 마침내 그들을 뛰어넘는 거장이 되었다.

넷째, 유럽 각지를 여행한 후 1917년부터 파리로 이주해 살면서 아메데 오장팡Amedee Ozenfant 등과 함께 순수주의Purisme 운동을 전개하고 순수파를 창시했던 것이다. 새로운 예술 운동을 표방하며 그들의 기관지『에스프리 누보L'esprit Nouveau: (신정신)』를 간행하고 건축, 회화, 문화 등의 영역으로 폭을 넓혀가면서 기고를 통해 자신의 건축 이론을 확립해 나갔다.

다른 대부분의 건축가들이 곧바로 실무에 들어가 이로부터 벗어나지 못하고 그냥 실력 좋은 직업 건축가가 된 것에 비해 그가 글을 쓰고 수많은 책을 낸 것은 아마도 거장 건축가 르 코르뷔지에가 되기 위한 신의 한 수였다고 생각한다. 단지 실무형 건축가가 아니라 위대한 거장 건축가이자 새로운 시대를 열어간 건축가, 그리고 많은 건축가들로부터 스승(직접 배웠든 간접적으로 배웠든)으로 추앙받는 건축가가 되었다.

그가 정리하고 창안해낸 근대 건축의 이론은 실로 20세기 건축의 새로운 패러다임을 제시한 것이었다. 지지체로서의 벽체의 존재를 타파한 기둥 구조 건축 '도미노 시스템Le System de Domino'을 비롯하여 – 아직도 우리의 아파트의 대부분은 벽식 아파트인 데 비해 르 코르뷔지에는 그 당시에 기둥식 주거의 원형을 제시했다 – 기존의 뾰족 지붕, 단순히 대칭적인 상자의 주택, 소모적 장식, 각 건물 요소의 구속 등을 제거하고 해방시킨 '근대 건축의 5가지 원칙', 즉 필로티, 자유로운 평면, 수평 창, 자유로운 입면, 옥상 정원 등의 내용을 확립했다.

지상의 오염과 침수로부터 건축을 해방했고(필로티), 기둥을 구조체로 함으로써 벽에게 자유를 부여했으며(자유로운 평면), 외벽이 담당하던 구조의 무거운 짐을 내려놓게 함으로써 입면에 자유와 채광과 전망이 가능한 개구부 디자인이 가능하게 되었고(자유로운 입면, 수평 창), 당시로서는 첨단 기술인 방수 기법을 도입하여 옥상이라는 새로운 공간을 인류에게 제공했다(옥상 정원).

공간 체험을 연속적으로 전개하기 위한 '건축적 산책로Promenade Architecture' – 이로써 건축은 명사가 아니라 동사가 된다 –, 환경 조절의 필터 역할뿐만 아니라 잃어버린 두께감을 회복시키며 입면 조절기로 위치하는 '브리즈 솔레이유Brise Soleil' – 친환경적 건축을 지향하는 선구적 자세를 엿볼 수 있다 –, 인체 치수에서 황금 분할의 개념으로 발전시킨 '모듈러Modular' – 건축은 인간을 위한 것이고,

건축은 부동산이 아니라 아름다운 것이라는 것을 웅변하고 있다 – 에 이르기까지 천재적으로 수많은 건축 신개념을 창안해갔다.

또한 건축뿐만 아니라 도시와 주거의 문제로 스케일을 확대해 소위 '빛나는 도시Ville radieuse' 라는 개념을 제안했다. 이는 당대의 신재료였던 철과 시멘트 등의 소재로 새로운 시대의 인간에게 요구되는 고층 철근 콘크리트 주거건축을 제시했다. 그는 쾌적하고 기능적인, 그리고 건강한 모던 라이프를 다수의 시민에게 제공하려는, 이상향을 꿈꾸는 꿈쟁이 건축가였던 것이다.

그의 사고는 건축과 인간의 관계에 대해 매우 이상적이었고, 스스로 선구적인 논리의 법칙에 사로잡혀 있었다. 일부 지어진 건축물이 너무 앞서감으로써 결과적으로 대중 친화적이지 않았고, 당대의 관습을 과감히 탈피하여 도전적이고 실험적 건축을 구현함으로써 오히려 부분적으로는 인간성 이해에 대한 오류나 기술적 시행착오라는 비판을 받기도 했다.

그러나 '건물은 철과 시멘트가 아니라 사랑으로써 건축되는 것이다'라는 그의 말처럼 그는 철저히 인간을 위한, 인간의 건축을 위해 기존의 건축 구법(構法)에 안주하는 편한 길을 택하지 않고 혼신의 힘을 다해 새로운 기술과 재료와 공법을 통해 예측 불가능하고 혼란된 새로운 세기인 20세기에 신개념의 건축을 창조하기 위해 끊임없이 노력했다. 생명과 인간에 대한 전면적인 긍정으로서의 그의 건축은 혹자의 말처럼 실패하지 않았고, 오늘날에도 유효한 창조의 실마리를 우리에게 제공하고 있다.

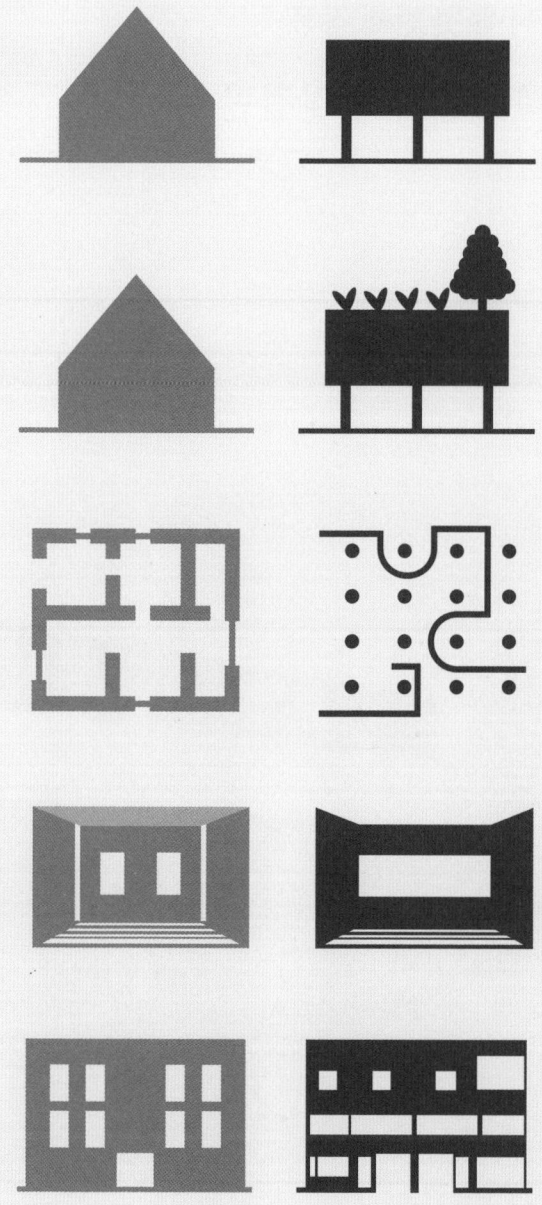

Five Points of New Architecture

르 코르뷔지에 Le Corbusier

르 코르뷔지에 첫 번째 작품
근대 건축 5원칙의 결정판

빌라 사보아
Villa Savoye

프랑스, 보아시, 1931

빌라 사보아

프랑스, 보아시, 1931

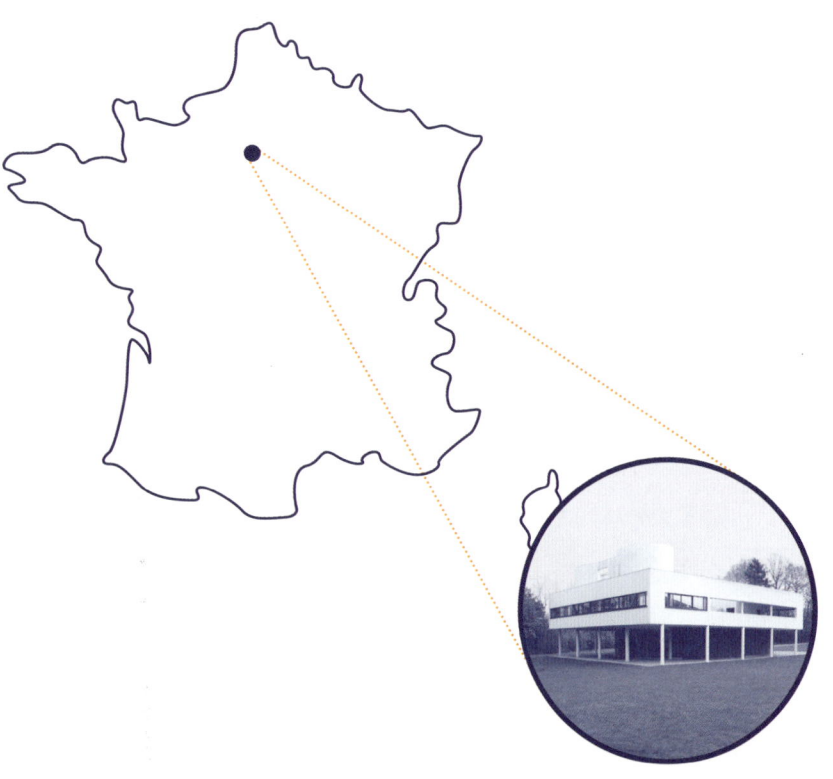

Information

82, rue de Villiers
78300 Poissy
(48°55′28″N 2°1′42″E)

TEL: +33.1.39.65.01.06
WEB: www.villa-savoye.fr
정보: 방문 시, 예약 필수. 현장 유료관람.

건축 역사상 가장 유명한 집 중 하나인 빌라 사보아는 르 코르뷔지에가 스스로 창안한 근대 건축 5원칙의 결정판이다. 즉 필로티, 옥상 정원, 자유로운 평면, 수평 창, 자유로운 입면을 그대로 작품으로 완성시켰다. 부유하고 개방적인 건축주가 공간적 제약 없이 설계해달라는 요구는 르 코르뷔지에에게 그동안의 건축 사고를 실현할 수 있는 최고의 기회를 제공했다.

빌라 사보아 스케치

형태와 공간 배치는 매우 단순히 시작한다. 즉, 기둥 간격이 4.75m인 기둥 4개를 4열로 정사각형 그리드 스팬으로 구성하여 이루어진 평면으로, 앞뒤의 2열은 벽과 창이 1m씩 돌출되어 자유로운 입면과 비중력적인 수평 창을 이루어낸다. 여기서 피막의 성격을 가장 강화시켜주는 부분은 거의 모서리까지 확장된 수평 창이다. 매스Mass 덩어리로 인식되는 벽면은 긴 수평 창으로 제거되고 필로티 위에 표면의 부유성을 표현해주고 있다. 이와 같이 수평성을 강조한 피막의 효과는 수직적인 힘의 전달을 중시하는 전통적인 미학에 정면으로 대립하는 것이다. 이는 철근 콘크리트라는 기술의 진보가 가능케 해준 것이다. 기둥은 외벽 안으로 들어가 있고 외벽의 입면은 자유가 되었다.

필로티로 1층을 띄어 – 당대의 신개념 이동수단인 자동차를 위한 – 회전 주차로로 활용하고, 1층에는 주차장, 창고, 가사 도우미의 공간을 배치했으며, 대부분의 주거 공간은 비와 지면의 습기로부터 벗어난 2층에 배치했다. 2층에는 대부분의 주거 공간과 큰 거실, 그리고 천장이 없는 방(벽이 있는 외부공간/중정)이 있다. 3층에는 옥상 정원을 적극 도입했다. 이 모든 공간을 매력적인 것으로 통합하는 것은 건축적 산책을 가능하게 하는 경사로이다. 주거 내부에 경사로를 도입한 것은 그의 창조적 도전의 결과이다. 이로 인해 건축은 죽어서 정지되어 있는 단순 기능의 '명사'가 아니라 살아 움직이며 주변과 조응하는 '동사'가 된다. 이를 통해 외부와 내부가 절묘하게 결합되어 있다. 사람들은 빛이 연출하는 조화로운 교향악을 들으며 자연스럽게 지면에서 하늘(옥상 정원)로 이끌린다. 그리고 그 중심(정확히 평면과 공간의 중심)에는 건축적 산책로의 장치인 경사로가 있다.

(위) 빌라 사보아의 정면, (아래) 빌라 사보아의 내부

빌라 사보아의 내부

(위) 빌라 사보아의 내부, (아래) 빌라 사보아 내부에서 중정을 바라본 뷰 스케치

빌라 사보아

르 코르뷔지에 두 번째 작품
콘크리트 고층 주거의 명품 원조 아파트

유니테 다비타시옹
Unité d'habitation

프랑스, 마르세유시, 1952

유니테 다비타시옹

프랑스, 마르세유시, 1952

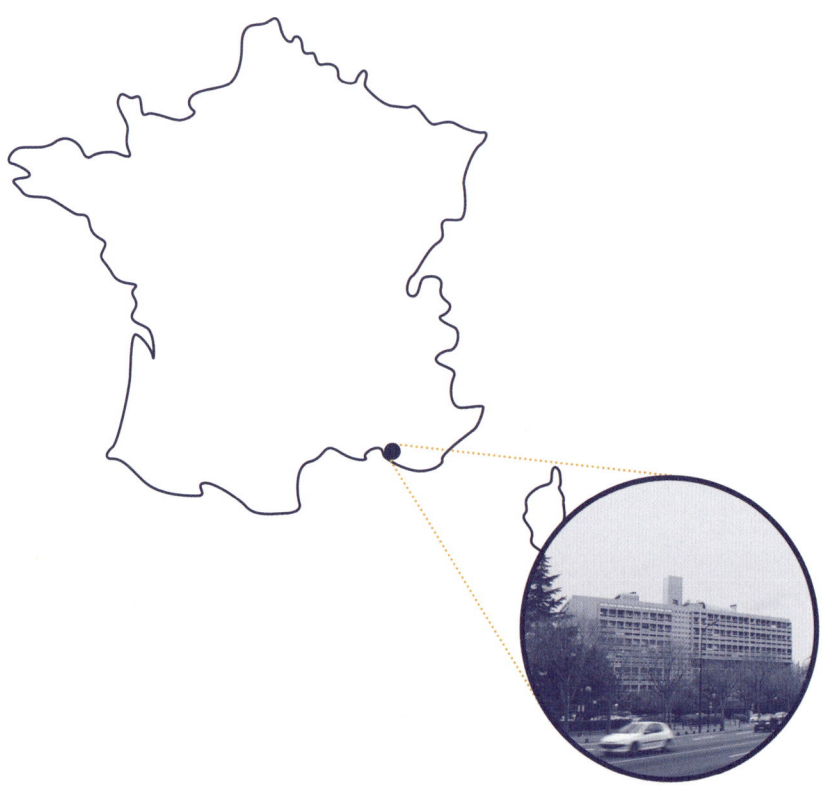

Information

280 Bd Michelet,
13008 Marseille
(43.261323°N 5.396261°E)

정보: 현재도 실제로 거주하는 공간. 내부에 호텔도 있음.
2016년 르 코르뷔지에의 다른 작품 16점과 함께 유네스코 세계 문화 유산에 등재됨.

건축가이자 도시 계획가이기도 했던 르 코르뷔지에는 1922년 열악한 프랑스 빈민 주거 구제에 대한 대안으로 당시에는 신기술 재료였던 철근 콘크리트로 지어진 고층 주거를 주제로 하는 '현대 도시' 계획안을 발표한다. 거의 30년 뒤 그의 구상이 프랑스 남동부 지중해 연안의 큰 항구 도시인 마르세유에 지어진다. 이는 우리나라를 비롯한 전 세계에 퍼뜨려진 콘크리트 상자형 아파트의 전형이지만, 조금만 자세히 들여다보면 최고의 건축가가 설계한 명품 주거임을 알 수 있다.

구체적으로 살펴보면 20세기를 대표하는 재료인 콘크리트의 가능성과 가치를 그대로 드러내는 방식으로서 콘크리트를 마감으로 노출하는 기법(소위 '노출 콘크리트')의 극대화, 단순한 상자형 건축을 뛰어넘는 세련된 비례비 및 색채 디자인의 외관, 아름다운 공원과 도시를 연결하기 위해 1층을 필로티로 띄운 조소적 형태, 메조네트 형식(공동 주택에서 한 가구가 복층으로 이루어진 형식)을 이용한 복층 구성의 공간감, 내부에 여러 편의 시설(아파트를 찾아온 게스트들을 위한 호텔, 레스토랑, 탁아소, 유치원 등)을 포함하는 복합적 계획, 다양한 기능(조깅 트랙, 놀이터, 수공간, 체육관, 휴게 시설 등)을 포함하는 옥상 공간 제시, 그가 창안해냈던 인간을 위한 비례 체계인 모듈러 시스템의 모든 디자인에 적용 등 가히 혁명적이고 탁월한 건축물이었다.

실내는 좁지만(3.66m) 전·후면을 관통하여 양측에 발코니가 있고, 일조 조절 장치인 브리즈 솔레이유가 발코니 외곽에 설치되어 친환경적인 기능을 감당하면서도 외관 디자인에 리듬을 부여한다. 거실 부분이 2층 높이로 열려 있어 시원한 공간감도 매우 좋다. 유감스럽게도 많은 후진국에서는 이런 유니테 다비타시옹의 다양한 탁월함을 총체적으로 받아들이지 않고, 단지 빨리 지을 수 있고 경제적으로만 효율적인 '짝퉁' 아파트로 수용하였다. 결과적으로 부동산으로만 기능하는 무미건조한 상자형 아파트가 많은 도시들을 가득 채우는 결과를 초래하게 된다.

유니테 다비타시옹의 내부

내부에 있는 서점(건축, 도시, 예술 분야)의 입간판

(위) 유니테 다비타시옹의 내부에 있는 식당, (아래) 단위세대의 거실 모습

일본의 모리 미술관은 2007년 5월 26일부터 9월 24일까지 '르 코르뷔지에의 예술과 건축'전을 열면서 르 코르뷔지에의 파리 아틀리에와 캡 마르틴에 있던 그의 통나무 오두막집, 그리고 유니테 다비타시옹의 복층 주호(住戶) 한 채를 동일한 크기로 재현하여 그 내부를 실제로 체험해볼 수 있게 했다. 천장고 2.3m가 거의 대부분인 우리의 아파트에서만 살다가 이보다 2배가량의 천장고를 갖는 거실을 필지기 직접 체험해보았을 때의 그 공간감은 아직도 잊을 수가 없다. 거의 70년 전인 1952년산 아파트 디자인이 우리의 현실을 부끄럽게 만든다.

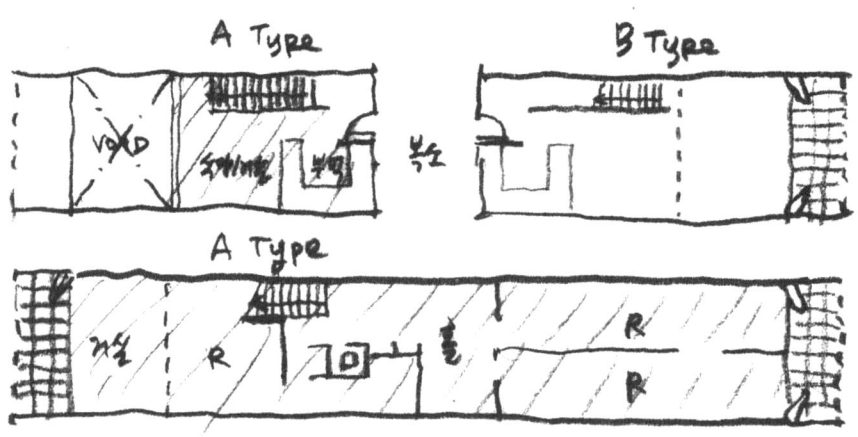

유니테 다비타시옹 평면 스케치

유니테 다비타시옹의 옥상

(위) 유니테 다비타시옹의 옥상, (아래) 유니테 다비타시옹의 1층 필로티

유니테 다비타시옹

르 코르뷔지에 세 번째 작품

무한히 성장하는 미술관의 구체적 실현

동경 국립 서양 미술관
The National Museum of Western Art

일본, 도쿄, 1959

동경 국립 서양 미술관

일본, 도쿄, 1959

Information

7-7 Uenokoen, Taito City
110-0007 Tokyo
(35°42′56″N 139°46′33″E)

TEL: +81.47.316.2772
WEB: www.nmwa.go.jp
정보: 현장 유료관람.

르 코르뷔지에가 일본에 남긴 유일한 건축물로서 도쿄 우에노 공원 안에 있다. 제2차 세계대전에서 일본의 패전 후 마쓰카타 고지로(일본 조선업체의 회장)의 서양 미술 컬렉션을 보유하고 있던 프랑스 정부는 일본 측에 이 작품들을 반환하면서 프랑스 건축가가 미술관을 설계해야 한다는 조건을 붙였고, 그 과정에서 거장 르 코르뷔지에가 발탁되었다.

이 미술관은 그가 오랫동안 탐구했던 '무한히 성장하는 미술관'이라는 개념, 근대 건축 5원칙, 건축적 산책로, 모듈러 등을 종합해서 미술관에 적용한 좋은 사례이다. 어떤 의미에서는 빌라 사보아의 미술관 버전이라고도 볼 수 있다. 1층 진입부는 필로티로 띄어 방문객을 유도한다. 미술관 중심에는 '19세기 홀'이라고 명명된 진입 홀이 있고, 여기에는 건축적 산책로인 경사로가 디자인되어 있어 관람객의 발걸음을 자연스럽게 2층 메인 전시장으로 옮기게 한다. 2개 층 높이의 공간을 맞이해주는 것은 삼각형 천창을 통해 은은히 비춰드는 햇빛이다. 2층에 있는 전시장의 낮고(2.26m, 모듈러 치수임을 기억하라) 높은(4.46m, 2.26m의 2배 높이를 1개 층으로 구성) 공간의 구성이 드라마틱하게 변화를 이룬다.

사방으로 돌아가며 전시장과 천창이 구성되어 있는 이 미술관은 무한히

동경 국립 서양 미술관의 전경

성장하는 미술관이라는 개념을 실현하면서도 빛과 어두움, 공간과 미술 작품의 조화가 낯설면서도 능숙하게 이루어져 있다. 단순한 인상의 외관과 대비되는 미로적 공간 체험은 관람객을 건축과 공간의 향연에 빠져들게 만든다. 여기서는 전시 작품뿐만 아니라 이를 바라보는 사람들도 움직이는 하나의 작품이 된다. 외부 마당에는 로댕(지옥의 문, 칼레의 시민)과 부르델(활 쏘는 헤라클레스)의 걸작들과 나무들이 섬세하게 배치되어 있어 일본 '선의 정원'의 현대화로 느껴진다. 세상은 이 미술관을 2016년 유네스코 세계문화유산으로 등재하여 이 걸작의 가치를 상찬(賞讚)했다.

 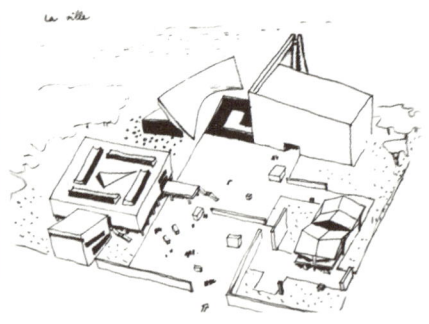

(왼) 동경 국립 서양 미술관 전경, (오) 동경 국립 서양 미술관의 르 코르뷔지에 스케치

동경 국립 서양 미술관의 외관

(위) 동경 국립 서양 미술관의 내부, (아래) 동경 국립 서양 미술관의 내부 홀 스케치

근현대 건축계에서 가장 위대한 거장이라고 일컬어도 손색이 없는 르 코르뷔지에를 탐구하면서, 우리는 그가 위대한 천재이지만 때로 실수나 실패도 했다는 사실을 발견한다. 그러나 그것은 기존에는 시도조차 해보지 않았던 새로운 건축과 새로운 기술을 개발하고 이를 접목하려는 끊임없는 시도에 기인한다. 미지의 세계로 나아가는 자에게 완벽한 익숙함은 있지 않다. 예술가이면서도 동시에 건축가였던 그는 당시에 새로운 패러다임이었던 기계 문명을 적극 받아들이면서도 인간을 위한 건축이라는 본질과 조화하려고 노력했다. 그런 그의 열정과 도전은 2020년대를 살아가는 우리에게 하나의 귀감이 된다.

"건축가는 논리적인 두뇌를 가진 사람이어야 합니다.
과학적이면서도 가슴이 따뜻한 사람,
예술가이자 학자가 되어야 합니다."

"창조는 끊임없는 탐구의 결과입니다."

프랭크 로이드 라이트

1867 – 1959

Frank Lloyd Wright

프랭크 로이드 라이트Frank Lloyd Wright는 미국 위스콘신주 태생의 건축가로 르 코르뷔지에, 미스 반 데어 로에Mies van der Rohe와 함께 현대 건축의 3대 거장으로 꼽힌다. 가장 미국적이면서도 독창적인 건축을 발전시킨 것으로 유명하며, 근대 건축의 아버지로 일컬어지기도 한다. 국내에서는 그의 건축 철학을 정리한 에이다 루이스 헉스터블Ada Louise Huxtable의 『프랭크 로이드 라이트 : 20세기 건축의 연금술사』(을유문화사, 2018)와 『프랭크 로이드 라이트 자서전』(미메시스, 2006.)의 책으로도 만날 수 있다.

유토피아적 세계를 꿈꾸는
영원한 개척자

많은 사람들이 근현대 서양 건축의 거장을 이야기할 때 주로 3명을 거론한다. 앞서 소개한 스위스계 프랑스 건축가 르 코르뷔지에, 지금 다루는 미국 건축가 프랭크 로이드 라이트, 그리고 다음에 다룰 독일 출신의 미국 건축가 미스 반 데어 로에가 그들이다. 그러나 사실 프랭크 로이드 라이트는 르 코르뷔지에나 미스보다 약 20년이나 연상이어서 이전 시대에서 근현대로 넘어가는 전환기를 제일 먼저 마주한 인물이라 할 수 있다. 필자는 이주민의 후손으로서 파란만장한 삶을 살았던 프랭크 로이드 라이트가 어떻게 위대한 거장이 되었는가를 다음의 네 가지로 정리하고 싶다.

첫째, 훌륭한 어머니 안나의 교육의 힘이다. 특이하게도 안나는 임신한 아이가 사내아이이자 위대한 건축가가 될 것이라고 믿고 있었다. 그래서 태교에서부터 많은 신경을 쓰고, 장남 라이트가 건축가가 되기를 바라며 헌신적으로 교육을 시켰다.

특히 필라델피아 100주년 기념 박람회장에서 독일의 교육자 프뢰벨Frobel이 고안한 빌딩 블록 시스템Building-Block-System의 장난감을 발견하고, 그것을 구입하여 라이트에게 가르쳤다. 그의 교육 이론, 즉 "세계를 하나의 유기체로 생각하고, 자연 세계에는 통일된 법칙이 작용하고 있다"는 개념을 놀이로 가르침으로써 라이트에게 자연 세계에 깃들어 있는 기하학적인 구조와 형태를 익히게 하였고 이는 그가 어렸을 때부터 디자인 감각의 기초를 다지도록 한 것이다. 라이트는 어린 시절의 시각적 교육을 잊지 못했고, 생애의 만년에 이르러서도 유년의 경험에서 큰 영향을 받았다고 고백한 바 있다.

둘째, 집안 형편으로 인해 11세의 어린 나이에 약 5년간 위스콘신주에서 큰 농장을 경영하는 외삼촌댁에서 일하면서 자연스럽게 자연의 생명과 조형 속에서 창조 원리를 깨닫게 된 것이다. 외삼촌의 엄격한 규율에 따라 새벽부터 힘든 일을 하면서 노동의 존엄성과 자연의 섭리를 깨우치게 되었다. 특히 구조, 조형, 디자인 등에 걸쳐 자연의 원리를 체득하게 된다. 그는 항상 자연보다 위대한 스승이 없다고 생각하고, 자신뿐 아니라 제자들에게도 "자연을 배우고 사랑하며 항상 그 곁에 있도록 하라. 자연은 결코 우리를 실망시키지 않을 것이다"라고 충고했다. 이는 후에 그의 대표 이론인 유기주의 건축으로 발전하게 된다.

셋째, 대학을 중퇴하고 제도사로 실습을 전전하던 라이트가 당대의 시카고학파(1880년대 초부터 1900년대 초까지 미국 시카고에서 활약한 근대 건축가 그룹)의 거장인 루이스 설리반Louis H. Sullivan의 사무소에서 7년 동안 일하면서 평생의 스승을 만나게 된 것이다. 설리반은 미국의 건축이 유럽 양식이나 유럽 전통에 기대지 않는 스스로의 기초를 가지고 있다고 생각하는 건축가로서 "형태는 기능을 따른다Form ever follows function"는 유명한 명제를 남기기도 했다. 이는 건축이 건축 용도나 기능에 따라 건물 형태가 정해진다는 뜻으로, 이후 기능주의 건축이 발전하는 기틀을 제공했다. 또한 그는 자연으로부터 도래한 장식 등을 설계에 적용하며 자연과 건축의 유기적인 융합을 지향하고, 미(美)는 기능이나 형태에 내재해 있다는 유기론을 주장했다. 이는 오롯이 제자인 라이트에게 계승·발전하게 된다.

넷째, 이민자의 피가 뼛속까지 흐르고 있는 그가 전 생애를 통해 새로운 도전과 개척자 정신을 갖게 된 것이다. 그는 미국 전역(위스콘신, 와이머스, 시카고, 애리조나 등)을 돌아다니며 가난하고 어려운 삶을 개척해 나갔고, 특히 스캔들과 사고 등으로 인생이 어려운 시기에는 유럽과 일본에도 거주했다. 전통의 양식과 관습이 없던 신대륙에서 미국인으로 태어나 무한한 개척 정신인 뉴 프론티어 정신(신 개척자 정신)으로 도래하는 근현대를 온몸으로 맞이하며 끊임없이 새로운 건축을 창조하고자 했다.

92세까지 장수한 라이트는 건축 인생 70년간 시대와 세상의 변화와 특성을 열린 마음으로 받아들이고, 시대 정신을 반영할 새로운 건축을 향해 끊임없이 도전했다. 하나의 건축 작법이나 스타일에 안주하지 않고 열정적으로 창의적인 탐구를 계속했다. 죽기 전날까지도 또 다른 새로운 건축을 추구한 그는 진정한 뉴 프론티어이리라.

프랭크 로이드 라이트의 건축 사상

프랭크 로이드 라이트는 91년 10개월이라는 장수를 누리며, 한 사람의 업적이라고는 믿기 어려울 정도로 광대한 건축 작품을 남겼다. 그 수는 계획안을 포함하여 1,100여 점이 넘고, 실현한 것만 500여 점에 이른다. 이처럼 다양하고 수많은 라이트의 건축 특징을 다음과 같이 세 가지로 정리해보았다.

1. 유기적 건축

라이트 건축의 본질은 유기적 건축Organic Architecture이라는 말로 치환할 수 있다. 1945년에 라이트는 자신의 건축적 목표에 대해 다음과 같이 말했다.

"인간이 가치 있게 생각하는 것들은 모두 생명을 만들어내거나 보호한다. 결코 생명을 빼앗아가지 않는다. 건물을 짓는다는 것은 곧 사회를 짓는다는 것이다. 자연으로부터 영감을 얻어 인간의 생명을 짓는 것이다. 우리는 이것을 유기적 건축이라고 부른다."

자연에 대한 직관으로부터 나온 이 개념은 자연을 모든 디자인의 원리로 여기고, 건축은 생명 그 자체로서 내부적 유기체이고 형태와 기능은 동일하다는 의미다. 즉 구체적으로는 대지와 건축의 결합, 자연의 모습에서 형상화된 구조와 형태, 내부와 외부 공간의 융합, 수직과 수평의 조화로운 관계로 이어져 각각의 개체가 따로 떨어진 것이 아니라 한 몸으로 결합되면서 일체로 표현되는 것을 뜻한다. 따라서 그의 건축 걸작들은 하나같이 형태와 공간이, 재료와 디테일이 단지 기능적으로 표출되기보다는 유기적으로 나타난다.

"자연에서는 전체 부분이, 부분과 전체가 하나로 조화를 이루며 통합되어 있다."

2. 유동적 공간

근대 이전의 건물들은 큰 매스이거나 단순한 건축 재료의 결합이었다. 따라서 건물 외부는 여러 가지 형태의 조각이 되고 내부는 살기 위한 빈 곳이었다. 근대 건축 시기는 건물에 있어서 공간 개념이 형태보다 상대적으로 중요하게 여겨졌다.

특히 라이트는 공간의 상대적 중요성을 넘어 건물의 실체가 건물의 내부 공간이라고 생각하고 이를 추구했다. 벽과 지붕으로 둘러싸인 빈 공간을 건축의 실체로 보고 건축의 이상으로서 공간 건축을 추구한 것이었다. 라이트는 당시 우연히 얻은 책에서 노자의 글을 보고 상당히 놀라게 되었다.

"건축의 실체는 사방의 벽과 지붕에 있는 것이 아니라 그것들이 둘러싼 살기 위한 공간에 있다." - 노자, 『도덕경』 11장

라이트에게 단지 단순한 상자형 건물은 마치 관과 같아서 사람을 감금하고 에워싸는 것으로 인식된다. 따라서 라이트에게 공간은 명사가 아니라 유동적인 의미의 동사를 의미한다. 상자의 모서리를 열면 빛이 들어오고, 내부 공간은 외부 공간과 조응하고 흘러가며 확장된다. 사람의 움직임은 해방되고 공간은 생명을 얻는다. 비로소 건축과 자연은 하나가 되고 사람은 자유와 해방을 얻게 된다. 라이트는 진정한 유기적 건축에서의 실체는 벽이 아니라 유동적 공간이라고 선언한다.

"건축의 진실성과 본질은 지붕과 벽으로 둘러싸인 내부 공간에 있다."

  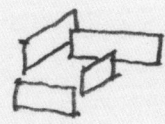

유동하는 공간(동사로서의 공간)으로 변화

3. 구조의 거장

"건축 구조의 시스템을 건축의 기초로 파악하려고 하는 것은 항상 나의 목적이고 희망이었다. 이것 외에 결코 건축은 존재하지 않았으며, 또 존재하지 않는다고 나는 확신한다."

라이트는 천재적인 건축가이며 토털 디자이너이자 엔지니어이며 뛰어난 구조의 거장이라고 할 수 있다. 특히 구조 건축의 거장이라고 필자가 명할 수 있는 것은 그가 기존의 구조 공법을 답습하는 것이 아니라 자연으로부터 구조 디자인의 영감을 얻어서 창의적인 구조적 건축을 했기 때문이다.

수많은 그의 걸작들은 구조적 아이디어 자체가 주요 주제였다. 철근 콘크리트조의 캔틸레버(외팔보; 한쪽 끝은 고정되고 다른 끝은 받쳐지지 아니한 상태로 있는 보) 역학을 극대화한 주택의 걸작 낙수장, 연약한 지반과 지진으로부터 오는 피해를 막기 위해 떠 있는 바닥 기초 구조를 제안하고 적용했던 일본 제국호텔, 솟아오른 나무 혹은 버섯 모양의 기둥들로 전 세계를 놀라게 한 존슨 왁스 빌딩(새로운 구조의 건축 허가를 받기 위해 라이트는 구조 하중 실험을 해야만 했고 이를 실현시켰다), 나선형 캔틸레버의 창의적 해석으로 상자형 건축의 한계를 깨버린 최후의 걸작 구겐하임 뮤지엄 등 이루 말할 수 없다.

오늘날 현대 건축의 대부 렘 콜하스Rem Koolhaas가 천재적 구조 건축가인 세실 발몬드Cecil Balmond와의 협업으로 그의 꿈을 이루었다면, 거의 1세기 전의 라이트는 스스로 위대한 건축가이자 위대한 구조의 거장이었다.

"폼Form과 그 자체의 스타일은 구조 – 산업이나 사회 또는 건축이든 어떤 것이라도 그 구조 – 에서 생기는 것이다."

이런 지식을 가지고 라이트의 걸작들을 향해 그랜드 투어를 떠나보자.

"인간이 가치 있게 생각하는 것들은
모두 생명을 만들어내거나 보호한다.
결코 생명을 빼앗아가지 않는다.
건물을 짓는다는 것은 곧 사회를 짓는다는 것이다.
자연으로부터 영감을 얻어 인간의 생명을 짓는 것이다.
우리는 이것을 유기적 건축이라고 부른다."

프랭크 로이드 라이트 첫 번째 작품
주거공간에 녹아든 토털 디자인

홀리혹 하우스
Hollyhock House

미국, 로스앤젤레스, 1917 – 1920

홀리혹 하우스

미국, 로스앤젤레스, 1917 – 1920

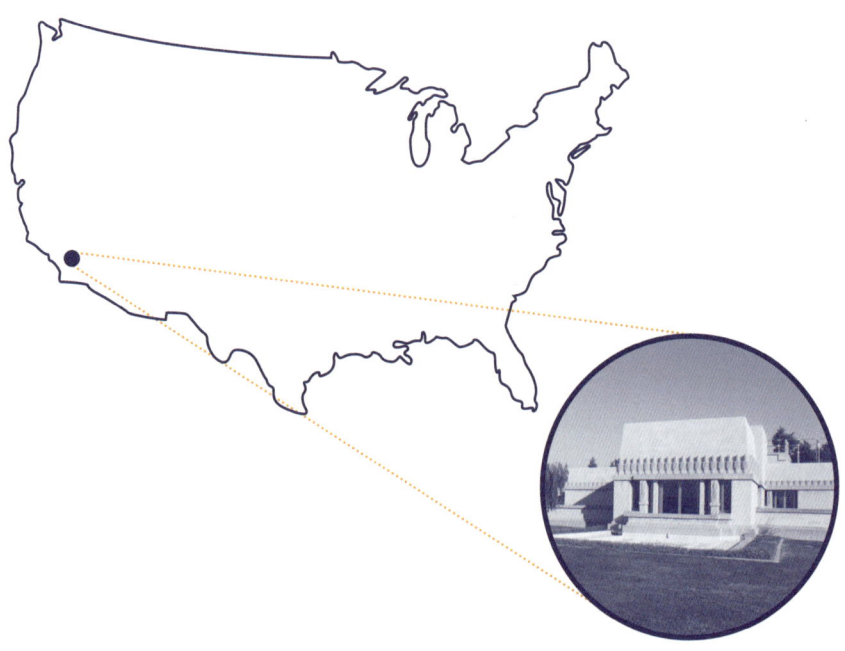

Information

4800 Hollywood Boulevard
Los Angeles
90027 CA
(34°06′00″N 118°17′40″W)

TEL: +1.323.913.4030
WEB: linktr.ee/hollyhockhouse
정보: 반스달재단 홈페이지를 통한 온라인 관람 가능.
홈페이지를 통해 휴무 여부 확인 필수

일본에서 제국호텔이 한창 건설 중이던 시기에 라이트는 기존 자신의 주택 스타일과는 다른 주택을 로스앤젤레스의 태평양이 내려다보이는 고지대에 설계하게 된다. 건축주는 석유 재벌의 상속녀이자 연극 연출가인 얼라인 반스댈Aline Barnsdall로, 대지에 반스댈이 좋아하는 접시꽃Hollyhock이 만발하여 '홀리혹 하우스'로 명명했다. 외관 벽면의 장식, 콘크리트 난간, 열주, 장식용 화분, 의자 등 모든 토털 디자인의 모티브도 모두 접시꽃이다.

1917년 당시 로스앤젤레스는 대부분이 사막이었다. 따라서 뜨거운 태양 광선에 대응하기 위해 저택 개구부는 밖보다는 중정이 있는 안을 향했다. 외부에 낸 창문은 최소한으로 제한했고, 내부 중정으로는 밀어서 여는 전면 창을 계획했다. 라이트의 주거에서 항상 핵심이 되는 벽난로는 화려한 패턴이 조각되어 상부의 천장까지 닿아 있다. 벽난로와 연결되어 섬세하게 디자인된 유리 천창에서 빛이 내려오는 널찍한 거실도 이 집의 매력이지만, 연극과 예술을 사랑하는 건축주를 위해 극장과 무대처럼 디자인된 중정과 집의 조응도 이 집의 백미다. 거실 앞의 테라스 공간은 사실상 마당 전체의 무대 역할을 한다.

조형적인 콘크리트 지붕은 안쪽으로 약간 기울어져 있고, 중간의 접시꽃 문양과 어우러진 당당한 외관은 중후한 기념비성을 주면서 동시에 이국적이면서도 역사의 숨결을 느낄 수 있게 해준다. 마야, 아즈텍 등 고대 문명의 영향을 받은 것으로 보이지만 라이트 본인은 이 주택을 그야말로 이 지역의 특성에 맞는 건축이라고 표현했다. 결국 이 집은 주택을 넘어 로스앤젤레스의 환경과 풍토를 존중하고, 건축주의 연극과 예술을 사랑하는 마음을 표상하는 신전이 되었다.

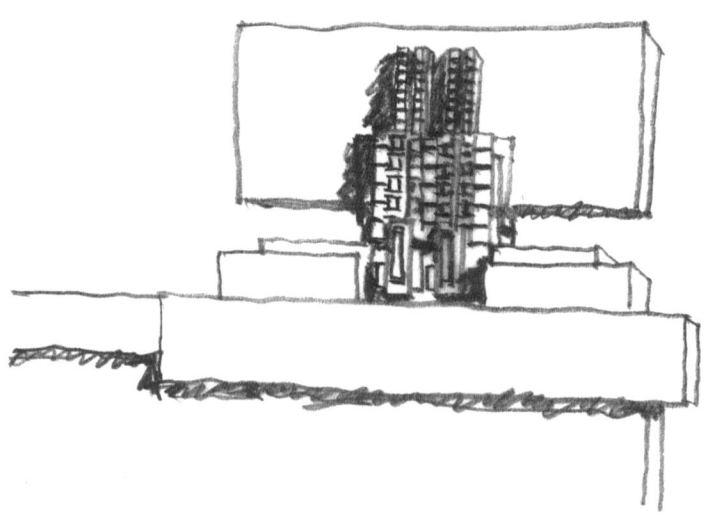

홀리혹 하우스의 부분 스케치

(위) 홀리혹 하우스의 전경, (아래) 홀리혹 하우스에 전시된 모형

홀리혹 하우스의 외부 마당 공간

프랭크 로이드 라이트 두 번째 작품
토털 디자인과 구조적 건축의 완전체

제국호텔
Imperial Hotel

일본, 도쿄, 1923(후에 나고야 메이지 무라로 이전)

제국호텔

일본, 도쿄, 1923
(후에 나고야 메이지 무라로 이전)

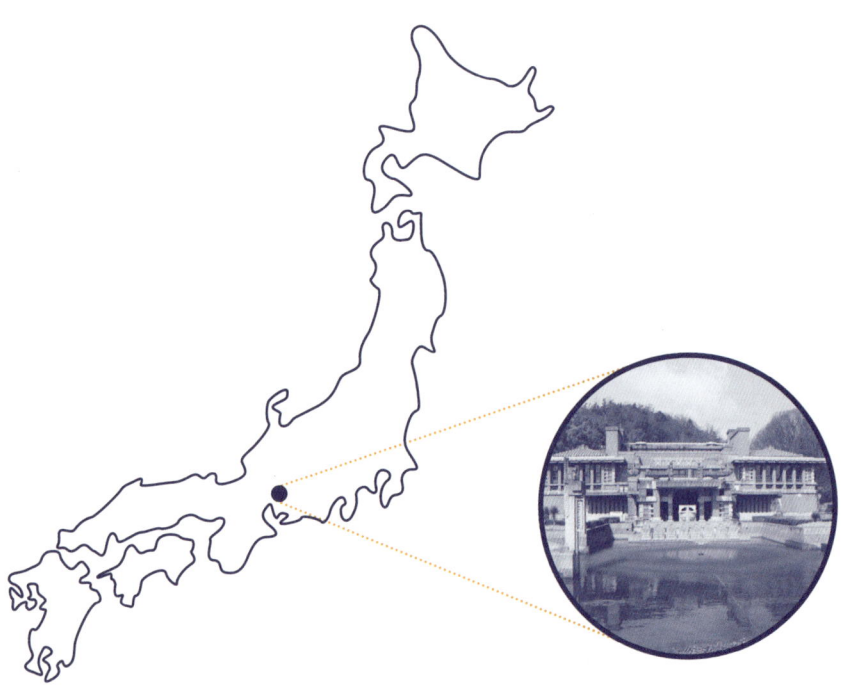

Information

Museum Meiji-Mura, 1 Uchiyama,
484-0000 Aichi
(35°20'30.4"N 136°59'21.4"E)

TEL: +81.568.67.0314
WEB: www.meijimura.com
정보: 메이지무라 티켓으로 관람 가능. 현장 유료관람.

(왼) 이전되기 전 동경에 있던 제국호텔의 모습, (오) 제국호텔의 모형

라이트가 설계한 대부분의 건축은 미국에 지어졌다. 총 9개의 건물이 외국에 건설되있고, 이 중 6개가 그가 문화와 예술을 특히 사랑한 일본에 지어졌다. 당시 일본 천황은 도쿄에 일본과 서양의 미를 모두 반영하는 기념비적인 호텔을 짓고 싶어 했다. 이는 라이트에게 있어 인생의 가장 어려운 시기(1911-1935, 소위 '침묵의 기간')에 주어진 축복의 프로젝트였다.

그는 제국호텔의 설계와 공사 감독을 위해 이 일을 수주받은 1916년부터 6년여 동안을 일본에서 보냈다. 혼신의 힘을 다해 전체 디자인에서 세부 디테일까지 모든 것을 전력투구했다. 지진이 자주 일어나는 일본의 상황과 호텔이 지어질 부지가 공교롭게도 연약 지반이어서 구조와 토목 설계도 건축 디자인에 못지않은 주요 이슈였다. 라이트가 호텔에 적용한 '떠 있는 기초 구조Floating Foundation'는 신의 한 수가 되었다.

운명적이게도 호텔 개관일인 1923년 9월 1일 발생한 관동 대지진(도시의 절반이 파괴되고 15만 명이 사망했다)으로 대부분의 도쿄 건물이 부서졌지만 라이트의 제국호텔만은 건재했다. 호텔이 피난 시설로 사용되면서 그의 천재적인 재능은 칭송을 받았고, 그는 세계적인 명성을 얻게 되었다. 이 호텔은 약 45년 동안 사용되다가 새로운 재개발 계획으로 철거되었다. 호텔의 진입 공간과 메인 로비는 해체되어 나고야 북쪽에 있는 메이지무라(明治村)에 원형 그대로 재건축되었다.

휴먼 스케일의 공간 변화와 다소 어두운 내부에 들어오는 빛의 효과도 일품이지만, 가장 압도적인 것은 라이트의 손길을 직접 느낄 수 있는 어머어마한 양의 정교한 디테일에 있다. 호텔을 뒤덮는 유기적이면서도 정교한 장식 디자인(건축뿐만 아니라 인테리어, 가구, 조명 기구, 그릇 등 모든 것을 디자인한 진정한 의미의 토털 디자인이다)을 위해 일본의 장인들과 목수들이 얼마나 애를 썼을지 상상이 안 될 정도다. 역시 신은 디테일 속에 있다는 것을 증명하는 걸작이다.

나고야 메이지 무라로 이전한 제국호텔의 주 출입구

제국호텔의 내부

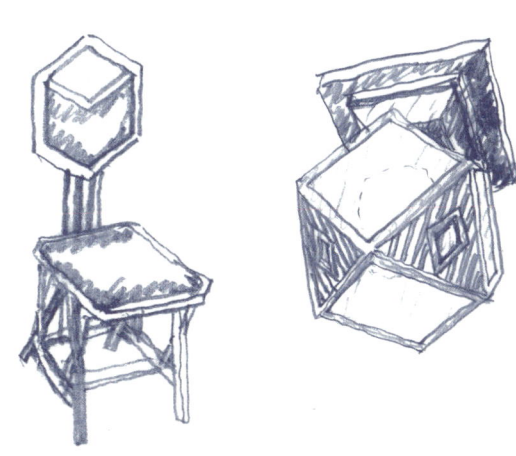

(위) 제국호텔의 내부, (아래) 제국호텔의 의자와 조명기구 스케치

프랭크 로이드 라이트 세 번째 작품
영원을 추구하는 유동의 걸작

구겐하임 뮤지엄
Guggenheim Museum

미국, 뉴욕, 1959

구겐하임 뮤지엄

미국, 뉴욕, 1959

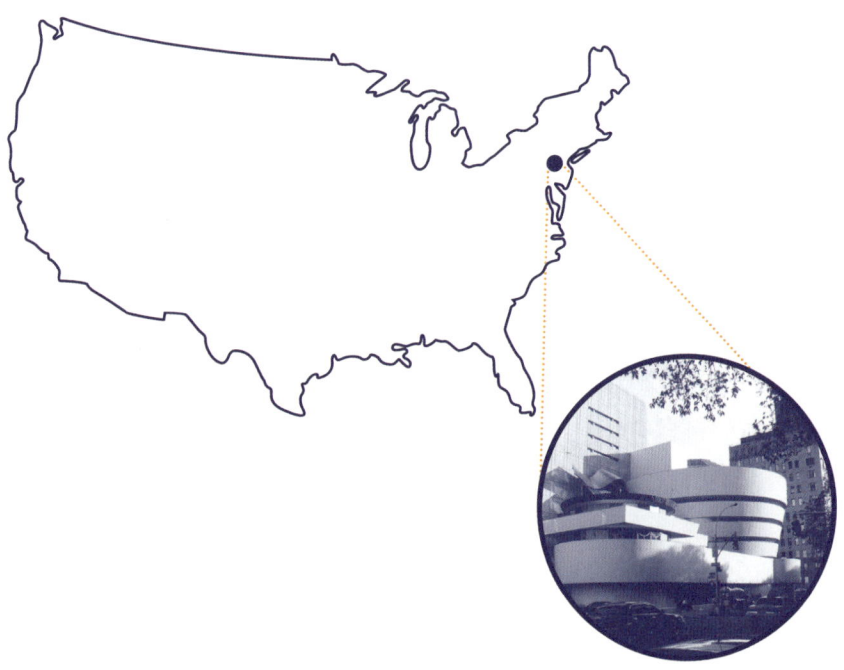

Information

1071 Fifth Avenue at 89th Street
Manhattan, New York City
10128 NY
(40°46′59″N 73°57′32″W)

TEL: +1.212.423.3500
WEB: www.guggenheim.org
정보: 뉴욕시 방침에 따라, COVID-19 백신 여부 확인해야 입장 가능.
현장 유료관람. 유료로 온라인 전시도 관람 가능.

"벽과 천장과 바닥이 한데 얽혀 흐르면서 다른 부분의 일부가 되게 하라."

자타가 공인하는 라이트의 최고·최후의 작품은 지나치게 개발되어 있고 딱딱한 상자 빌딩 숲의 도시인 뉴욕 5번가 도로변에 지어진 미술관이다. 계약한 지 16년이 지나서야 작품이 완성될 정도로 수많은 난관과 어려움이 있었지만, 라이트의 불굴의 의지와 새로운 미술관 건축을 원했던 건축주에 의해 결국에는 걸작으로 남게 되었다.

건축주였던 솔로몬 R. 구겐하임Solomon Robert Guggenheim과 초대 관장이었던 힐라 본 르베이Hilla von Rebay의 요구는 명확했다. 단순히 기능에 충실한 건물을 원하지 않았고, '사원'이자 '예술의 신성한 장소'이자 '정신의 돔'이자 '기념비'를 짓기를 원했다. 라이트가 디자인한 사각형의 전통적 전시 공간을 탈피한, 하얀 달팽이 같은 나선형 구조와 외관은 전 세계를 놀라게 했다. 그는 건축주의 소망에 따라 기념비적이고 영원성을 위한 공간을 위해 바벨탑이나 지구라트를 기원에 두었다고 말했다. 이 두 건축은 인류가 영원성을 추구하기 위해 나선형 램프를 그대로 건축의 주제로 삼은 사례이다.

나선형 캔틸레버 콘크리트 경사로 슬래브가 안쪽과 바깥쪽으로 폭을 넓히면서 상승하는 모양으로, 형태와 공간을 구분할 수 없을 정도로 하나가 되어 있다.

공간의 연속성과 구조의 조형성이라는 개념이 발전하여 경사로가 통로인 동시에 전시 공간으로 발전·전개된 초유의 작품이다. 방문객은 중앙의 승강기로 꼭대기까지 올라갔다가 경사로를 따라 내려오며 편안히 그림을 감상할 수도 있고, 중앙 홀 상부의 아트리움 천창을 통해 내려오는 빛을 받으며 내부 공간과 다른 층 관람객을 조망할 수도 있다. 여기서는 건축, 구조, 공간, 빛, 관람객, 작품이 하나가 되는 체험을 할 수 있다. 드디어 공간은 자연스럽게 고정된 명사가 아니라 움직이며 확장하는 동사가 된다. 라이트가 평생을 추구했던 수평성은 여기서 수직성과 결합하여 완전해졌다.

1959년 4월, 6개월 뒤에 열리는 개관전을 보지 못하고 라이트는 타계했지만, 2019년 7월에 유네스코는 구겐하임 미술관을 세계문화유산에 등재함으로써 거장의 걸작에 경의를 표했다.

당대 건축계의 보수적 주류에 속하지 않으며 자신만의 고독한 천재의 길을 간 라이트는 너무나도 다중적인 사람이어서 그를 쉽게 이해할 수는 없다. 언제나 새로운 시대에 맞는 새로운 건축을 지향하며 끊임없이 창작의 길을 가려고 했던 그에게 시련은 필연이었는지도 모른다. 그러나 그 모든 고난과 어려움을 불굴의 의지로, 뛰어난 재능으로, 위대한 성찰로 헤쳐 나갔다.

많은 사람들은 그를 모르거나 무시하거나 미워했지만, 문화와 건축을 사랑하는 소수의 사람들은 그의 건축에 열광하거나 그의 클라이언트가 되었다. 그가 추구했던 유기적 건축과 유동적 – 동사로서의 – 공간은 디지털 시대로 나아가는 우리에게도 영원한 화두이다. 스타일을 넘어 본질은 영원하다.

"유기적 건축일 때 좋은 건물은 가장 위대한 시이다. (…) 왜냐하면 건물 안에서 유익한 생활은 바로 시가 되고, 이것이야말로 진실한 시이기 때문이다. 그러므로 모든 위대한 건축가는 필연적으로 위대한 시인이다."

구겐하임 뮤지엄의 내부 홀 아트리움

76 프랭크 로이드 라이트 Frank Lloyd Wright

구겐하임 뮤지엄의 내부 홀 아트리움 스케치

미스 반 데어 로에   1886 – 1969

미스 반 데어 로에는 독일의 아헨 태생의 미국 국적을 가진 건축가다. 본명은 루드비히 미스 반 데어 로에Ludwig Mies van der Rohe으로 소위 미니멀리즘의 거장이다. 국제합리주의 건축운동을 이끌었으며, 근대 운동의 잡지『G』창간인 중 한 명이기도 하다. 유럽연합 EU에서는 그의 위대성을 기리기 위해 그의 이름을 딴 미스 반 데어 로에 어워드Mies van der Rohe Award를 지정하여, 2년마다 유럽 내에서 가장 참신하고 뛰어난 건축 작업을 해오고 있는 EU 국가의 건축가에게 상을 수여하고 있다.

시대 정신을 추구한 디테일의 신

거장의 부재 시대라고 불리는 오늘날, 과거 거장들의 혜안을 통해 오늘을 보고 내일을 맞이할 수 있는 지혜를 얻을 수 있지 않을까?

미스 반 데어 로에는 3대 거장(르 코르뷔지에, 라이트, 미스) 중 포스트 모더니스트들에게 가장 호된, 악의에 찬 비난을 들어야 했다. 미스의 건축은 포스트 모던의 아우성이 잠잠해지고, 혼란스러울 정도의 신생 이론이 판을 짜는 이 시대에 오히려 진정한 목소리를 내고 있다면 필자가 잘못 들은 것일까? 그 목소리는 나지막하고 느리지만, 오히려 더 명징하게 들리고 있다.

우연히도 3대 거장 모두가 제대로 된 건축 교육을 받지 못했다. 그럼에도 불구하고 미스가 어떻게 위대한 거장이 되었는지를 다음의 네 가지로 정리하고 싶다.

첫째, 석공인 아버지를 통해 재료와 건축에 대한 감각을 어려서부터 몸으로 익힌 것이다. 즉 부친이 장식용 선반과 묘석을 주로 취급하는 돌 세공업자였기 때문에 미스는 어려서부터 여러 가지 석재에 둘러싸여 자랐다. 청소년기에 경험한 건설 현장의 벽돌 쌓기 등을 통해 피부로 느낀 재료의 소중함과 소재감은 평생 그의 창조의 밑바탕이 되었다. 이러한 감각은 미스 건축에 기본적으로 나타나는 구축적 디테일과 풍부한 재료 사용에 대한 뿌리가 된 것이다.

둘째, 건축보다는 가구에서 제대로 된 디자인의 출발을 한 것이다. 별다른 정규 교육 없이 도면을 그리는 제도공으로서 고향 아헨Aachen에서 건축에 첫발을 내딛기 시작한 그는 19세가 되던 1905년에 큰 뜻을 품고 베를린으로 간다. 제도사로 베를린의 건축 사무소에 취직한 그는 자신이 도면만 그릴 뿐이지 건축은 물론이고 자그마한 가구와 가구 구조에 대한 지식조차도 너무 부족하다는 것을 깨닫고 당시의 저명한 가구 디자이너이자 건축가이기도 했던 브루노 파울Bruno Paul을 찾아가 그 밑에서 배우게 된다.

작은 가구 하나도 이해하거나 설계하지 못하는데 어떻게 건물을 설계할 수 있겠냐는 자기 비판적 질문에 따른 그의 실천과 행동은 작은 부분에서부터 전체까지 완벽한 디자인을 추구하는 미스의 설계론의 초석이 되었고, 결과론적으로 위대한 건축가이자 가구 디자이너가 되었다.

셋째, 철학자의 집을 설계하며 철학에 눈을 뜨게 된 것이다. 미스는 우연한 기회로 약관 21세의 나이에 철학자이자 철학 교수 알로이스 릴Alois Riehl의 저택을 설계하게 된다. 릴은 『현대철학입문』(1903)이라는 저서를 썼을 뿐 아니라 『예술가이자 사상가로서 프리드리히 니체』라는 책을 통해 당시에는 잘 알려지지 않은 니체를 소개했던 철학자였다. 릴을 통해 미스는 철학, 사상, 미학에 제대로 입문하게 되고 본인 스스로 철학을 가다듬게 되었다. 이것이 단순한 제도사이자 건축 설계자였던 미스가 위대한 거장이 된 운명적 계기, 즉 신의 한 수가 되었다.

넷째, 당대 최고의 거장들에게서 자극을 받고 배운 것이다. 미스는 1908년에 베를린에서 가장 진보적인 존재였던 거장 피터 베렌스Peter Behrens의 사무소에 들어가 새로운 전기를 맞이하게 된다. 즉 절충 양식이 휩쓸던 당시에 새로운 건축을 모색하고 있던 건축가 중 가장 두각을 나타내던 베렌스의 아틀리에에서 실무를 하며 배우게 된 것이다. 현대 건축의 거장들인 발터 그로피우스Walter Adolph Georg Gropius와 르 코르뷔지에, 그리고 미스 반 데어 로에가 같은 사무소를 다녔다는 것은 우연이 아닐 것이다. 이때 또한 칼 프리드리히 쉰켈Karl Friedrich Schinkel의 신고전주의나 헨드릭 페트루스 베르라헤Hendrik Petrus Berlage의 건축이 보여주는 구조의 진실성과 논리를 접했다. 그리고 베를린에서 전시회가 열렸을 때 프랭크 로이드 라이트를 알게 되었고, 모더니즘이라는 세계로 들어가게 되었다.

미스 반 데어 로에의 건축 사상

근현대 건축 재료의 대표 주자를 콘크리트와 철, 그리고 유리라고 한다면 콘크리트의 거장을 르 코르뷔지에, 철과 유리의 거장을 미스 반 데어 로에라고 할 수 있다. 오늘날 콘크리트라는 재료가 아직도 현장의 수공업적 측면이 남아 있다면, 공장 생산과 재료의 현대적 측면에서는 철과 유리가 이 시대를 표상한다고 할 수 있다. 아직까지도 이 시대의 많은 건축가들에게 영감을 주는 미스의 건축 특징을 필자는 다음의 네 가지로 정리해보았다.

1. 시대 정신(Zeitgeist)으로서의 건축

미스 건축의 특징을 이해하는 데 큰 도움이 되는 것은 그가 몰두한 철학 사상이다. 진리를 탐구한 많은 철학자들은 미스의 정신적 스승이 되었다. 플라톤, 아우구스티누스, 토머스 아퀴나스, 니체 등의 사상은 그대로 그의 건축 창조의 밑바탕이 된다. 영원한 진리의 표상인 이데아를 주창한 플라톤, '미는 진리의 빛이다'라고 정의한 아우구스티누스, '진리는 사물과 지성의 일치이다'라고 사고한 토마스 아퀴나스, '예술은 의지 자체에 대한 모사'라는 사상의 니체 등은 미스에게 많은 영향을 미쳤다.

따라서 미스에게 건축의 최종적인 목표는 단지 기능적이고 합리적인 건물이 아니라 인류에 공헌하는 본질적인 미의 법칙과 진리의 추구로서 건축인 것이다. 그에게 사물은 건축이고 지성은 동시대성, 즉 시대 정신을 의미했다. 그에게 진정한 건축이란 시대 정신을 표출하는 것, 즉 시대 의지의 담지자였다.

2. Less is More (더 적은 것이 더 풍요로운 것이다)

미스가 이야기한 금언 중 가장 유명한 이 말처럼 미스의 건축 특징을 잘 나타내는 말이 있을까? 미스의 많은 추종자들이나 복제자들이 이뤄내지 못한 것이 아이러니하게도 'Less is More'다. 꼭 필요한 것만 남기고 필요 없는 것은 절제하여 제거한 후 남은 본질적인 요소가 더 큰 의미를 가지는 것은 마치 문학에서의 시와 같다. 최소한 몇 개의 단어로 이뤄진 통찰력 있는 순수한 시는 때로 수백 페이지의 소설보다 더 풍부할 수 있지 않은가? 즉 'Simplicity is not Simple'인 것이다.

모든 음이 음악이 아니고 모든 글이 시가 아니듯이 모든 기둥과 벽, 그리고 재료와 공간이 LESS하면서도 MORE할 수 있다는 건축은 아무나 이룰 수 있는 경지가 아니다. 모방은 할 수 있어도 도달할 수 없는 거장의 수준이 여기에 있다. 이는 재료, 구조, 형태, 공간, 그리고 변하지 않는 본질적 아름다움의 추구가 미스라는 천재를 통해 시로 변화하는 연금술로만 가능한 일일 것이다.

3. God is in the Details(신은 디테일에 있다)

미스의 건축은 디테일로부터 시작하여 디테일로 끝난다고 해도 과언이 아니다. 신이 디테일에 있다면, 감히 디테일의 신은 미스이다. 부분에서 전체로 발전해가는 유기적 법칙을 따르는 미스의 건축에서 낱낱의 디테일은 단순한 술어가 아니다. 주어를 내포하는 술어이자 문장의 완성이다. 따라서 새로운 건축은 새로운 디테일이고, 디테일이 다르다면 건축이 다른 것이고, 건축이 다르다면 디테일이 다른 것이다. 새로운 디테일이 새로운 형태, 공간, 건축을 만들어낸다.

미스의 건축은 명징하게 각 세부가 살아 있다. 언제나 그 존재 의지를 드러내는 본질에 따라 극도로 단순하게, 그리고 최소로Less 디자인된 각 디테일이 모여 하나가 되는 미스의 건축에는 진리의 빛God이 풍성More하게 깃든다.

뉴욕 시그램 빌딩 전경

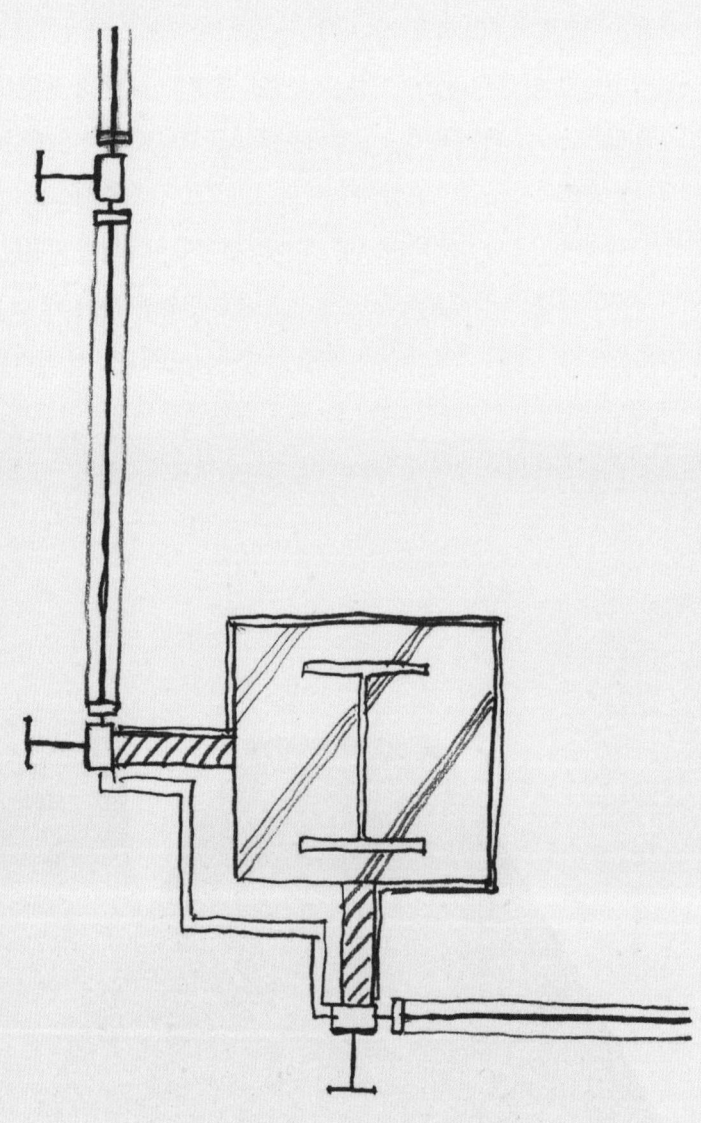

시그램 빌딩의 기둥 및 커튼월 디테일 스케치

4. 무한한 공간(Universal Space)을 품는 구조적 건축(Structural Architecture)

미스의 중요한 유산은 그의 새로운 공간 개념과 구조적 건축의 조화라고 말할 수 있다.

"구조에 지배되지 않은 모양은 거절하여야 한다."

미스가 말하는 구조는 일반적 구조가 아니라 본질적이고 존재론적 구조를 의미한다. 힘의 전달자로서의 기둥과 보의 존재 의지 표현, 구축에서의 비례, 스케일감의 세련됨, 부분과 전체의 회합을 통해 예술 차원으로까지 승화하는 구조를 디자인하고 이를 노출(표현)하는 구조적 건축의 대가가 바로 미스이다.

미스의 구조적 건축에는 어떠한 구조벽으로 막혀 있지 않고 무한정으로 확대 가능한 공간이 존재한다. 아무런 제한 없이 다목적 이용이 가능하고, 유리 피막을 통해 들어오는 밝은 빛으로 가득한 균질 공간은 모던 세계의 상징을 충실히 구현하고 있다. 또한 유리 피막은 외부와의 차단이 아니라 내부 공간에서 외부로, 도시로, 자연으로, 우주로 무한히 확대해주는 역할을 한다.

이런 지식을 가지고 미스의 걸작들을 향해 그랜드 투어를 떠나보자.

미스 반 데어 로에 첫 번째 작품

극도의 미니멀리즘을 통해
공간과 재료의 풍요로움을 보여주는 걸작

바르셀로나 파빌리온
Barcelona Pavilion

스페인, 바르셀로나, 1929

바르셀로나 파빌리온

스페인, 바르셀로나, 1929

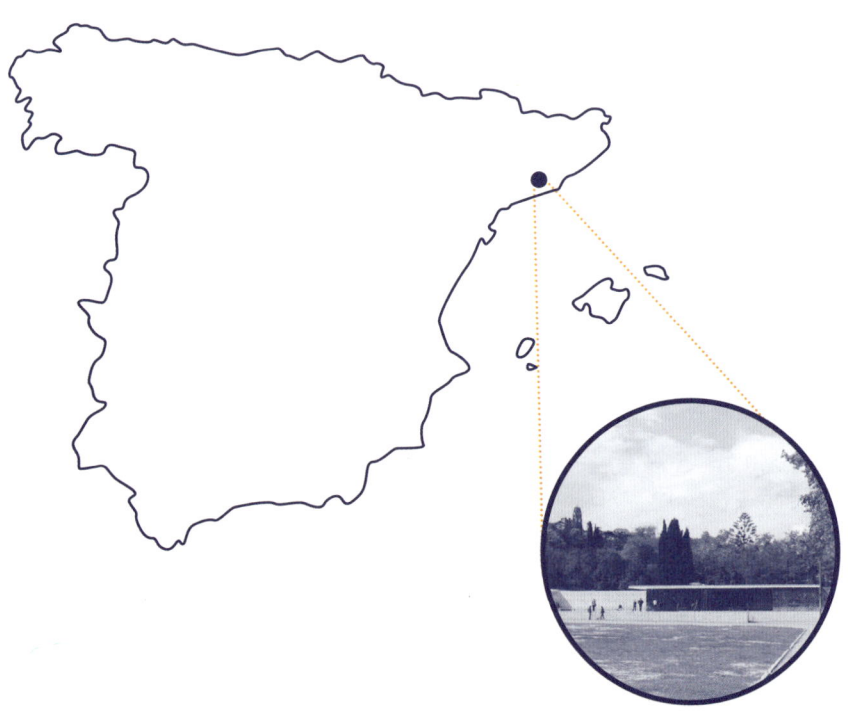

Information

Av. Francesc Ferrer i Guàrdia, 7,
08038 Barcelona
(41°22′14″N 2°09′00″E)

TEL : +34.934.23.40.16
WEB : www.miesbcn.com
정보 : 홈페이지를 통해 3D 관람 가능. 현장 유료관람.

제1차 세계대전(1914-1918)의 종전으로부터 10년 후에 스페인 바르셀로나에서 열린 국제 박람회는 패전국 독일의 국가 위상을 펼칠 기회였다. 당시 미스는 독일공작연맹의 부회장으로서 독일 정부로부터 위촉을 받아 독일관을 설계하게 되었다.

박람회 때 스페인 국왕이 개회식을 선언하는 장소로서의 의전적인 기능 외에는 어떤 제약이 없었던 이 파빌리온은 미스의 건축적 야망을 경제적 제약 없이 실현할 수 있는 최고의 기회가 되었다. 재료적 측면에서도 십자형 크롬 도금 철재 기둥, 바닥에 트래버틴 대리석, 벽에 황갈색 오닉스 대리석, 녹색 티노스 대리석, 대형 투명 유리와 유백색 유리 등 일반 건축 공사비에 10배가 넘는 호사를 누릴 수 있었다.

8개의 가는 금속 기둥 위에 가볍게 얹힌 장방형 지붕은 하늘로 부유(浮遊)하고, 지붕 아래로 내부와 외부가 리드미컬하게 교차하는 공간은 2개의 수공간과 더불어 새로운 공간 개념을 창출한다. 기능의 속박으로부터 자유로운 건축물 안에서의 모던한 공간은 정태적 개념이 아니라 동태적 개념임을 미스는 마음껏 구현한다. 모든 디테일은 매우 단순하고 극도로 미니멀하게 처리되었지만, 재료가 가지고 있는 아름다움 덕분에 지루하지 않고 너무나 풍요롭다.

제일 안쪽 수공간 수면 위에 서 있는 게오르그 콜베Georg Kolbe(1877~1947)의 조각상 '새벽Der Morgen'은 미스가 추상과 구상, 인공과 자연의 조화라는 미의 이상을 추구하는 완벽주의자임을 인증하는 증명서이다. 공간 내부에는 직접 디자인한 바르셀로나 체어를 배치하여 휴식과 명상을 가능케 한다. 지면 위에 솟은 트래버틴 대리석의 기단은 이 건물이 단순 건축이 아니라 현대 건축으로 지어진, 시간을 초월한 신전임을 조용히 속삭인다.

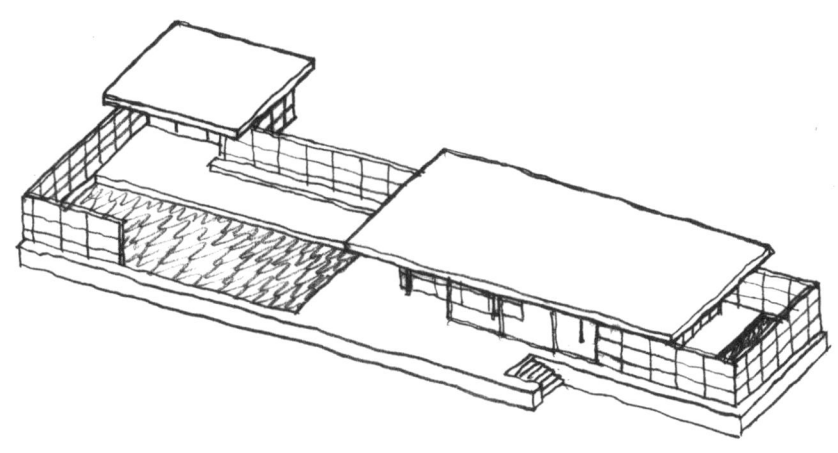

바르셀로나 파빌리온 스케치

(위) 바르셀로나 파빌리온의 전경, (아래) 수공간과 바르셀로나 파빌리온

바르셀로나 파빌리온의 내부 공간

미스 반 데어 로에 두 번째 작품
미스의 건축 이상이 구현된 최후의 걸작

베를린 신 국립 미술관
Neue Nationalgalerie

독일, 베를린, 1968

베를린 신 국립 미술관

독일, 베를린, 1968

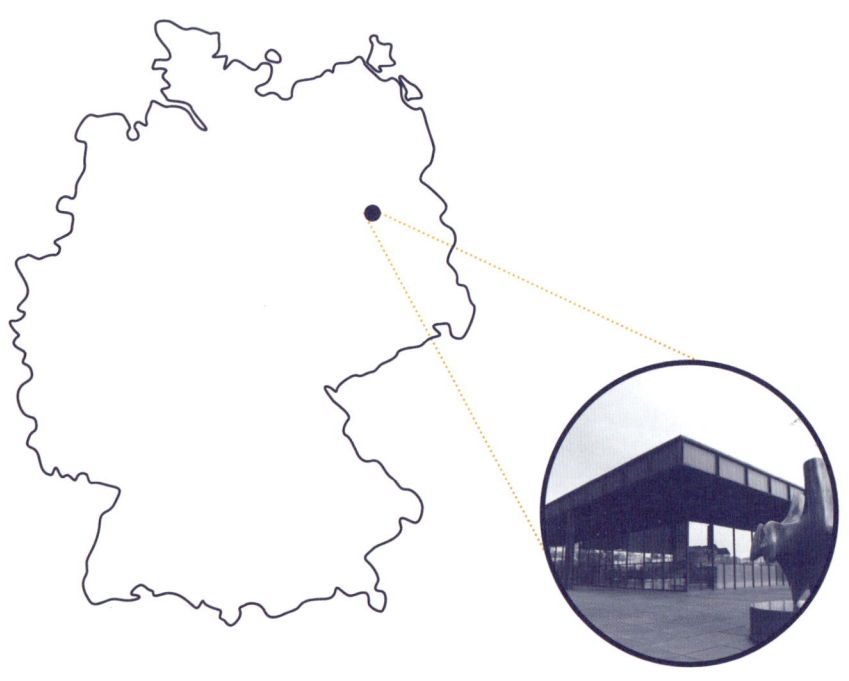

Information

Potsdamer Str. 50,
10785 Berlin
(41°22′14″N 2°09′00″E)

TEL: +49.30.266424242
WEB: www.smb.museum
정보: 현장 유료관람.

1937년 미국으로 피난했던 미스에게 독일은 마지막 걸작을 완성시킬 기회를 준다. 주로 20세기 유럽 회화와 조각을 전시하는 베를린 신 국립 미술관의 설계자로 미스를 택한 것이다. 그는 이 미술관을 위해 – 미스 사후 1년 뒤에 완공 – 그가 탐구해왔던 모든 건축 정신과 방법론을 적용시킨다. 무한한 공간Universal Space을 품는 구조적 건축Structural Architecture의 기념비적인 최후작이 된 것이다.

　1층은 진입을 위한 홀과 1차 전시를 위한 열린 공간으로서 무한 공간의 끝판왕을 보여주고, 주요 전시는 지하층에서 이루어진다. 8개의 십자형 강철 기둥이 지탱하는 커다란 지붕(65×65m) 아래에는 유리 피막으로 둘러싸여 만들어진 높이 8.4m, 가로·세로 각각 50.4m의 열린 대공간이 자리 잡고 있다. 고대 신전의 지붕을 연상시키는 대형 철골 보(높이 1.85m)는 구조를 그대로 노출시켜 구조의 진실성을 보여주고, 8개의 십자형 강철 노출 기둥은 코너 부위를 비운 배치를 통해 내부 공간이 외부로 – 무한대로 – 확장되는 특성을 더욱 강조한다. 기둥에서 들여 구성한 유리 피막 내부에는 결과적으로 아무런 장애물(구조벽) 없이 다목적 무주 공간을 만들어낸다. 화강암으로 구성된 기단부는 이 건축이 단순한 미술관이 아니라 모던이라는 시대에 바쳐진 현대 건축의 신전이라는 것을 드러낸다.

모든 디테일은 전체의 개념에 따라 만들어졌지만, 하나하나를 자세히 보면 그것 자체로도 경탄을 자아내는 독립적 완성도를 가진다. 합리적 기능성을 초월하는 아우라가 이곳에는 깃들어 있다. 거장의 84세라는 짧지 않은 인생에 걸맞은 피날레다.

미스와 그의 건축은 영원한 본질에 대한 추구와 그 구현을 통해 시간이 갈수록 그 빛이 스러지기는커녕 더욱 빛나고 있다. 급변하는 이 시대에 우리는 다시 한 번 그를 주목해야 한다고 필자는 주장하고 싶다. 1960년 미국건축가협회AIA 금메달 수여식에서 미스가 한 답사로 이 글을 마무리한다.

"나는 학생, 건축가, 그리고 관심 있는 일반인들에게서 여러 차례 이런 질문을 받았습니다. '우리의 갈 길은 무엇입니까?' 매주 월요일 아침마다 새로운 건축을 고안해내는 것은 참으로 가능하지도 필요하지도 않습니다. 우리는 한 시대의 끝이 아니고 시작에 처해 있습니다. 이 시대는 새로운 정신에 의해 지배될 것이며, 새로운 방법과 새로운 재료를 구사할 것입니다. 이 때문에 새 건축이 생길 것입니다. (…) 그렇다면 건축은 문명의 가장 의미 있는 노력에만 연관되어야 합니다. 한 시대의 본질을 꿰뚫는 연관 관계만이 진실합니다. (…) 이것이 건축의 과업이었고 앞으로의 과제일 것입니다. 어려운 과제임이 틀림없습니다. 그러나 스피노자Spinoza는 위대한 일은 결코 쉽지 않다는 것을 우리에게 가르쳤습니다. 위대한 일은 어려우면서도 드뭅니다."

(위) 베를린 신 국립미술관 전경, (아래) 베를린 신 국립미술관 1층 전시 공간

베를린 신 국립미술관 기둥

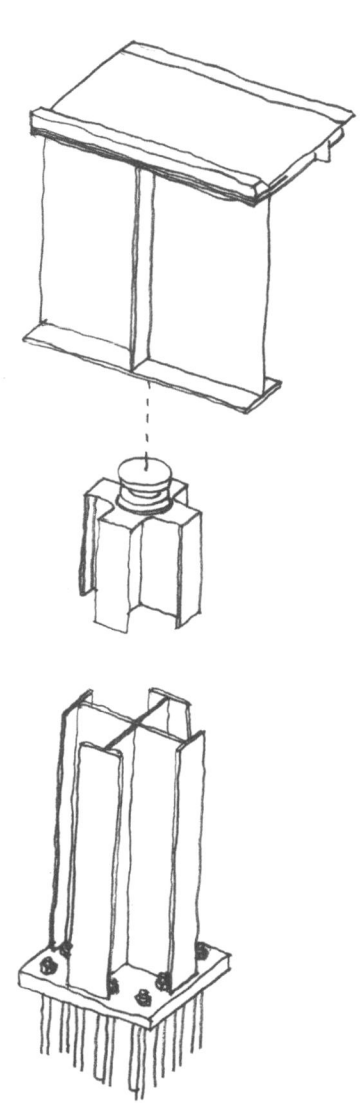

(왼) 베를린 신 국립미술관 기둥 및 보 디테일, (오) 베를린 신 국립미술관 디테일 스케치

베를린 신 국립 미술관

알바 알토 1898 – 1976

알바 알토Alvar Aalto는 핀란드 쿠오르타네 태생의 건축가이자 디자이너다. 핀란드 화폐에 그의 얼굴이 새겨져 있을 정도로 핀란드 국민에게 사랑받는 국민 건축가이자 세계적인 디자인 거장이다. 핀란드 유비스쿨라에는 그의 철학과 작품을 소개하는 '알바 알토 박물관Alvar Aalto Museum'이 설립되어 있고, 그를 기리기 위해 헬싱키에는 그의 이름으로 개명한 알바 알토 대학도 있다. 스칸디나비안 모더니즘의 시초로 인정받고 있으며, 건축뿐만 아니라 '파이미오 의자Paimio Chiar'(1931), '이딸라Iittala 화병'(1936) 등 핀란드의 자연과 라이프 스타일과의 조화를 보여주는 섬세한 디자인으로도 유명하다.

모더니즘과 지역성의 절묘한 조화

대부분의 사람들은 르 코르뷔지에, 프랭크 로이드 라이트, 미스 반 데어 로에가 근현대 건축의 3대 거장이라는 사실을 인정하고 받아들인다. 하지만 근현대 건축의 4대 거장이 누구인가에 대해서는 의견을 조금 달리한다. 네 번째 거장으로서 독일 출신의 미국 건축가 발터 그로피우스(1883-1969)를 꼽는 사람도 있고, 핀란드의 건축가 알바 알토(1898-1976)를 꼽는 사람도 있다. 하지만 그로피우스는 건축가라기보다는 지도자나 교육자로 더 큰 역할을 했기 때문에 4대 거장에 포함시키지 않는 경우도 있는 것 같다.

그렇다면 유럽에서도 변방이자 외곽이었던 북유럽 핀란드에서 주로 건축 활동을 해왔던 알바 알토는 어떻게 위대한 거장이 되었을까?

첫째, 핀란드의 자연에서 깊은 영향을 받은 어린 시절이 있었다. 알토는 1898년 핀란드 중서부의 작은 도시 쿠오르타네Kuortane에서 토목 측량 기사의 아들로 태어났다. 예술적 감성을 타고난 그는 어린 시절 부모를 따라 핀란드 중부의 숲으로 둘러싸인 도시 알라자르비Alajärvi, 유바스퀼라Jyväskylä 등으로 이사를 다니며 풍부한 경험을 한 게 큰 자산이 되었다.

핀란드는 기후와 날씨는 춥고 척박하지만 국토의 70%가 울창한 숲으로 덮여 있고 많은 호수가 있는 아름다운 나라다. 어렸던 그는 핀란드 자연의 – 비기하학적인 – 아름다운 형상과 유려한 능선에 매료되었다. 특히 눈을 두는 곳 어디에나 펼쳐져 있는 울창한 숲과 나무라는 소재에 대해 깊은 애정을 가지게 된다. 또한 가을·겨울철에 낮 시간이 매우 짧은 지역적 특성은 그에게 빛을 소중히 여기는 사고 방식을 자연스럽게 체득하게 해주었다.

둘째, 젊은 시절에 유럽 건축 여행을 하며 건축의 본질을 탐구했다. 그는 1916년부터 1921년까지 헬싱키 공과대학 건축과에 다닌 후 서양 건축의 본류인 그리스, 이탈리아로 그랜드 투어를 가게 된다. 그는 주변 지인에게도 자주 언급할 정도로 지중해 건축들에 대해 억누를 수 없는 흥미를 갖고 있었다. 그의 건축물에서 자주 드러나는 그리스·로마의 중정형 건축, 원형 극장은 그가 여행에서 얼마나 깊은 영향을 받았는지 알 수 있는 대목이다. 르 코르뷔지에 역시 그 유명한 '동방 기행'으로부터 건축의 눈을 떴듯이 알바 알토도 젊은 시절 답사를 통해 건축의 본질과 가치, 그리고 디자인에 대해 알게 되었고, 가야 할 길을 알지 못하던 젊은 영혼은 길을 찾게 되었다.

셋째, 스웨덴의 건축가 군나르 아스플룬드Gunner Asplund에게서 받은 영향과 둘 사이의 교류다. 스칸디나비아 반도의 나라들인 핀란드, 스웨덴, 노르웨이 등은 '스칸디나비아 디자인' 또는 '노르딕 디자인'이라는 용어가 있을 정도로 서로 영향을 주고받았고 지금도 마찬가지다. 이 중에서도 스웨덴 건축의 거장 아스플룬드는 알토보다 10년 연상으로, 그의 뛰어난 작품들은 알토에게 큰 영향을 미쳤다. 실제로 알토는 아스플룬드의 사무소에서 근무하기 위해 문을 두드리기도

했지만, 당시 빈 자리가 없어 입사하지는 못했다. 대신 아스플룬드의 건축을 탐구하면서 큰 영향을 받게 된다. 신고전주의에만 젖어 있던 젊은이가 당시로서는 첨단이었던 모던 건축을 알게 되는 계기가 되었고, 지역 건축가에서 세계적인 거장이 되는 계기가 되었다.

알바 알토의 건축 사상

르 코르뷔지에와 미스 반 데어 로에가 전 세계에 그들의 건축과 유사한 국제주의 건축을 퍼뜨렸지만, 이는 아쉽게도 거장 건축의 본질이 아니라 외피만 모방한 짝퉁의 양산이라는 결과를 가져왔다. 국제주의 건축이 갖는 무국적성과 기능적 경제성이 어쩌면 그 기저에 한계를 가지고 있었는지도 모른다. 알바 알토는 일찍부터 국제주의 건축의 이 같은 한계와 모순을 느끼고 당시 주류 세계와는 다른 건축을 제안하는 혜안을 보인다. 이를 필자는 다음의 세 가지로 정리해보았다.

1. 국제주의 건축과 지역 건축의 조화

알토는 1972년 7월 인터뷰에서 이렇게 말했다.

"지그프리트 기드온Sigfried Giedion이 제 건축의 특징을 국제주의라고 쓴 적이 있습니다. 그러나 저는 건축을 핀란드에서 하고 싶고, 핀란드에서 하는 것을 좋아합니다. 이는 자연스러운 감정적인 동기일 뿐 아니라 제가 핀란드의 건축 문제를 가장 잘 알기 때문이기도 합니다. 동시에 저는 제가 국제적이라고 느끼는데, 국제주의가 유일하게 올바른 방법이라고 생각하는 사람과는 다른 방식으로 말입니다. 만일 배경을 형성하는 것, 지방에 뿌리내린 것이 없다면 그것은 공허한 이야기입니다."

알바 알토 건축의 특징은 모두 이 말 속에 들어 있다고 생각한다. 초기의 알토의 건축은 핀란드에서 유행했던 신고전주의 건축의 경향이 농후했다. 그러나 당시 전 세계에 도래했던 근대-기능주의-추상-모던 건축에서 영향을 받았고, 이를 받아들였다. 그는 자신만의 감성으로 소화하여 지역성과 절묘하게 결합했다.

콘크리트와 유리뿐 아니라 지역적인 벽돌, 나무, 동판 등을 즐겨 사용했으며, 북유럽의 특성이 풍부한 공예적 디테일로써 인간을 위한 공간을 창출했다. 국적에 상관없이 어디에나 자리 잡을 수 있는 국제주의 건축이 아니라 그 지역, 그 장소에만 있어야 할 건축을 지향했다. 따라서 국제주의의 프레임에 갇히지 않고, 오히려 그 프레임을 넓히고 새로운 방향성을 제시했다. 소위 지역적 모더니즘Regional Modernism의 거장이 된 것이다.

2. 자연과 인간을 위한 건축

스칸디나비아 사람들은 척박하지만 아름다운 자연 환경에 어우러지는 디자인의 지혜를 보여왔고, 자연과 환경의 조화를 실생활 디자인에 적용해왔다. – 이런 디자인을 스칸디나비아 디자인 혹은 노르딕 디자인이라고 명명한다. – 이는 건축에 있어서도 마찬가지이다. 알토가 아스플룬드의 건축을 통해 배운 것도 이것이었다.

"아스플룬드 건축은 출발점이 인간과 자연에 있다. 그의 모든 작품에는 똑같이 자연 – 여기에 인간도 포함하여 – 과의 결합을 언제나 명백히 볼 수 있다."

알토는 당시 모더니즘 건축의 순수 기하학적 형태와 기능주의를 맹목적으로 추종하거나 일방적으로 무시하지 않는 제3의 길을 우리에게 제시한다. 그는

핀란드 유바스퀼라에 있는 알바 알토 뮤지엄

기하학적 추상에서 유기적 추상으로 이행하며, 차가운 이성의 공간에서 따뜻한 감성의 공간으로 발전하고, 생명이 없는 구조체에서 건축-인간-자연과의 조화를 추구했다.

『건축은 인간에 가까이하는 것』이라는 소고에서 그는 이렇게 비판한다.

"지난 10년 동안 근대 건축은 건설 활동의 경제적인 면에 우선 중점을 두고, 주로 기술적인 관점에서 기능주의적이었다. (…) 그러나 건축은 인간 생활의 모든 영역에 관계하므로 참으로 기능주의적인 건축은 인간의 관점에서 기능주의적이어야 한다."

이런 알토의 건축을 필자는 인간적 모더니즘Human Modernism으로 명명하고 싶다.

3. +(플러스)하는 집합의 건축

필자는 존재성을 중시하는 건축을 '-(마이너스)의 건축'이라고 하고, 관계성을 추구하는 건축을 '+(플러스)하는 건축'이라고 명명하고 싶다. '존재'는 속성상 자신만을 드러내고자 하고, 결과적으로 주변에서 독립적으로 구축하여 발산(+)하기보다는 수렴(-)하는 구조를 가지게 된다. '관계'는 주변과의 조화를 추구하고 자신보다는 타자와의 연관성이 중요하게 된다. 결국 그것은 +(플러스) 특성을 가지게 된다.

즉, 알토는 거대한 하나의 건축을 추구하는 것이 아니라 휴먼 스케일의 개별적 건축이 기능적 연관성을 가지며 건물군으로 더해지고(+) 외부 공간을 포섭하며 주변으로 확산된다고 보았다. – 알토에게 중요한 것은 수직성이 아니라 수평성이고, 독립이 아니라 연결이고, 건축만이 아니라 건축에 둘러싸인 마당과 외부공간이다. – 여기에는 장소와 자연과 우주가 포괄된다. 결과론적으로 집합의 건축이 된다. 서구 모던 건축의 순수주의와 기념비적 건축에 드러나는 부족한 점이 바로 이것이다.

알토에게 건축은 영웅의 자리에서 내려와 주변과 겸손히 공존한다. 겸손은 자존감의 상실이 아니다. 온전하고 성숙한 존재만이 겸손할 수 있다. 알토의 건축은 온전하고 성숙하며 인간과 자연, 그리고 타자를 존중한다. 과거에도, 이 시대에도, 미래에도 여전히 소중하고 귀한 건축의 가치다.

이런 지식을 가지고 알토의 건축들을 향해 그랜드 투어를 떠나보자.

"지난 10년 동안 근대 건축은
건설 활동의 경제적인 면에 우선 중점을 두고,
주로 기술적인 관점에서 기능주의적이었다.
⋮
그러나 건축은 인간 생활의 모든 영역에 관계하므로
참으로 기능주의적인 건축은
인간의 관점에서 기능주의적이어야 한다."

알바 알토 첫 번째 작품
알바 알토에게 헌정된 대학 건축의 백미

헬싱키 공과대학교 / 알토 대학교 본관 및 대강당

Helsinki University of Technology / Aalto University

핀란드, 오타니에미, 1964

헬싱키 공과대학교
/ 알토 대학교 본관 및 대강당

핀란드, 오타니에미, 1964

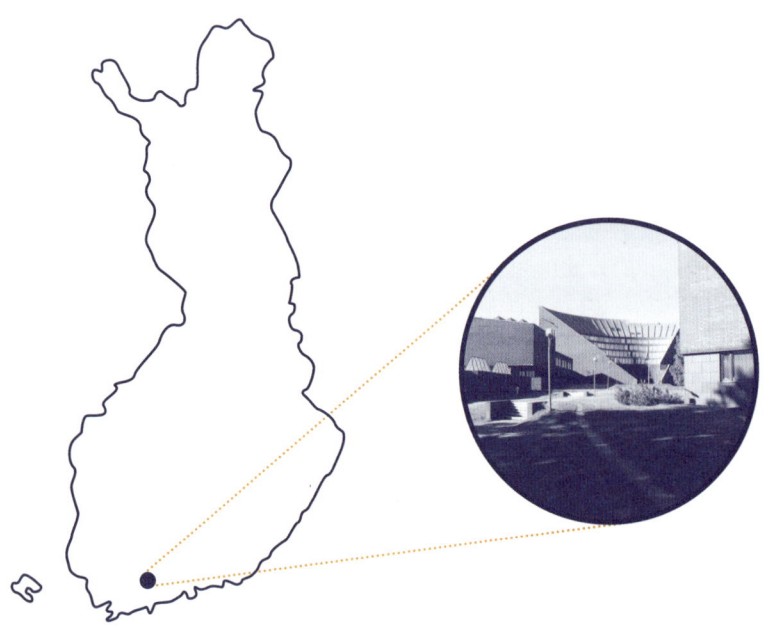

Information

02150 Espoo
(60°18611″N 24°82861″E)

TEL: +358.9.47001
WEB: www.aalto.fi
정보: 홈페이지를 통해 3D, VR 탐방 가능. 문의 후 방문 가능

알토 대학교는 핀란드 정부의 주도 하에 2010년 핀란드 남부의 여러 도시에 산재해 있던 헬싱키 공과대학교Helsinki University of Technology(1849), 헬싱키 경제대학교Helsinki School of Economics(1904), 헬싱키 미술 디자인 대학교University of Art and Design Helsinki(1871) 등이 통합 설립된 대학이다. 헬싱키 교외의 작은 위성 도시라 할 수 있는 오타니에미Otaniemi에 위치한 헬싱키 공과대학교도 알바 알토를 기념하며 알토 대학교로 명칭이 변경되었다. 알토도 이 대학을 졸업했고, 오타니에미 캠퍼스의 많은 건축물을 알토가 설계했다.

그의 마스터플랜으로 이루어진 이 캠퍼스는 마치 작은 도시와도 같다. 중앙 집중적이거나 강한 건축성을 강조한 위계적 마스터플랜과는 다르게, 서로 연결되고 분절하면서 자연과 융합하는 건물들은 오랜 시간을 두고 자연적으로 형성된 마을처럼 유기적으로 연결되어 있다.

캠퍼스를 인상 짓는 것은 붉은 – 벽돌 – 색채의 향연이다. 북유럽의 푸른 초목, 흰 눈과도 잘 어울리는 소재감과 색채감을 통해 핀란드의 풍토성을 잘 이뤄냈다. 동시에 이 대학의 정체성도 표출하고 있다. 중심이 되는 본관은 가운데 부채꼴 계단실 모양의 대강당을 두고, 그것을 디자인상의 초점으로 삼아 각 대학 건물들과 이에 둘러싸인 중정들을 지형과 조화롭게 유기적으로 연결한다.

(위) 야외 극장으로 사용되는 대강당 지붕, (아래) 알토 대학교 대강당 내부

대강당 지붕은 계단식 야외 극장으로 디자인되어 시각적으로 강한 인상을 주며 지중해의 원형 극장을 연상케 한다. 이는 내부의 계단식 강의 공간의 외재적 재현으로서 자연스럽게 캠퍼스의 랜드마크가 된다.

이 대형 계단식 강의실은 거대한 이중 리브Rib 구조 시스템을 채택해 기둥과 보가 부채꼴 모양의 지붕을 지지하고 역동적 공간 구성을 가능케 한다. 구조 사이로 자연광 – 진리의 빛 – 이 들어온다. 여기서 방문자는 구조, 설비, 공간, 건축, 빛이 하나가 되는 신비를 경험하게 된다.

알토 대학교 대강당의 단면 스케치

알바 알토 두 번째 작품
시벨리우스와 알토가 조응하는 건축

핀란디아 뮤직 홀 및 국제회의장
Finlandia Hall

핀란드, 헬싱키, 뮤직 홀: 1971, 국제회의장: 1975

핀란디아 뮤직 홀 및 국제회의장

핀란드, 헬싱키, 뮤직 홀: 1971, 국제회의장: 1975

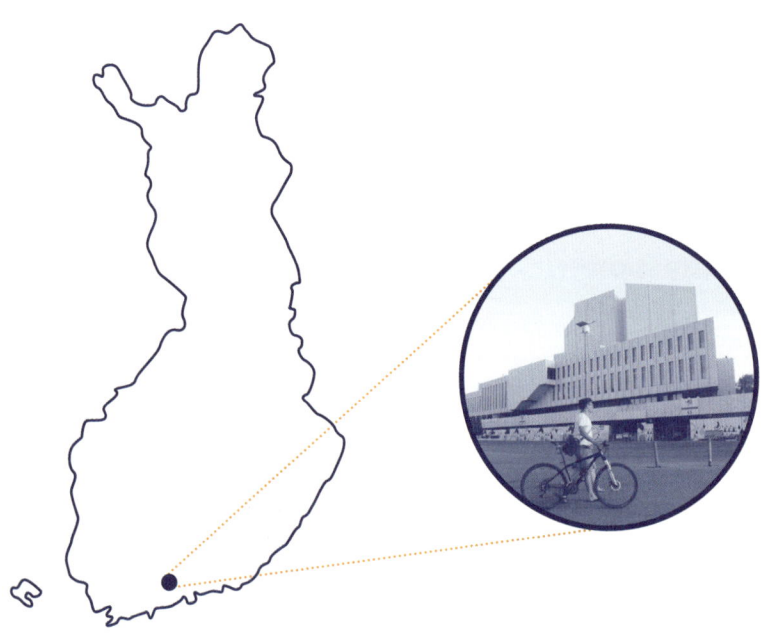

Information

Mannerheimintie 13e
00100 Helsinki
(60°10′33″N 24°55′59″E)

TEL: +358.09.40241
WEB: www.finlandiatalo.fi
정보: 22-24년 리노베이션 예정. COVID-19 백신 여부 확인해야 입장 가능.

핀란드의 수도 헬싱키를 대표하는 문화 센터로서 헤스페리아 공원Hesperia park에 있다. 이 공원은 퇼뢰 호수Toolonlahti를 둘러싸고 있는 아름다운 수변 공원이다. 알바 알토는 1961년 헬싱키시 측에 신도심 계획안을 제출한다. 퇼뢰 호반을 중심으로 여러 문화, 학술, 예술 공간 등을 배치하는 계획이었다. 이를 계기로 핀란디아 뮤직 홀을 설계하게 되었다.

핀란드가 낳은 위대한 음악가 장 시벨리우스Jean Sibelius가 작곡한 <핀란디아Finlandia, Op. 26>에서 이름을 따온 이 콘서트 홀은 핀란드의 또 다른 천재인 건축가 알토의 마지막을 장식하기에 충분한 역작이다. 1,700석의 뮤직 홀과 340석의 실내악 연주 홀, 작은 홀들로 구성되어 있다. 설계가 완료된 후 4년이 지난 1971년에 완성되었고, 국제회의장은 1975년에 증축되었다.

무엇보다 인상적인 것은 이탈리아 카라라산의 흰색 대리석의 품격 있는 분위기다. 수평으로 긴 하얀 형상은 호수와 더불어 시벨리우스의 교향시 <핀란디아>가 나타내는 평화와 안녕, 그리고 핀란드 자연의 찬가를 상징하는 것 같다.

수평적 기단부를 뚫고 돌출된 부채꼴 모양의 음악 홀은 단순한 형태이지만, 그 크기와 각도의 변화, 그리고 분절로 인해 빛과 그림자를 극명하게 표현하며 음악적 리듬감을 건축에 부여한다. 수평 매스의 입면 전체를 흐르는 수직 창과 수직 패턴의 이중적 디테일 디자인은 무(無) 창의 계단실과 더불어 음악적 리듬감을 강화시킨다. 반대쪽 도로변에서 보이는 녹색으로 부식된 구리 경사 지붕은 품위 있게 시간의 흔적을 표현한다.

내부 공간은 알토 특유의 유동적 공간감과 풍요로운 빛으로 충만하다. 진입부에서 공용 홀로 상승하고 다시 메인 콘서트 홀로 진입하는 점진적 시퀀스는 핀란드의 구릉을 오르내리는 것과 유사한 건축적 산책의 체험을 가능케 한다. 건축의 공간을 단순히 동사화하는 것을 넘어 풍경화Landscape하는 알토 건축의 대미를 성공적으로 장식한다.

근대주의자인가 혹은 전통주의자인가라는 질문에 알바 알토는 대답한다. "예술에서 중요한 것은 인간성이 있느냐 없느냐의 문제이다."

(위) 핀란디아 뮤직 홀의 전경_공원쪽에서 바라본 모습, (아래) 도로변에서 바라본 모습

때로 기존 근현대 거장들의 건축이 인간을 위한 건축이라기보다는 건축을 위한 건축이 되는 경우가 있다. 산업혁명 이후의 근현대 건축은 그 합리성과 기능성과 국제성으로 시대를 선도해 나갔다. 그러나 전체적 조화가 없는 부분의 강점은 때로 새로운 문제를 일으키게 된다. 국제주의 모던 건축은 그 (지역을 무시한) 국제성과 (기능만을 위한) 기능성 때문에 역설적으로 합리적이지 않게 되었다. '기능성에서 인간성으로, 국제성에서 지역성으로'라는 비판적 담론을 형성하게 된다. 여기에 알바 알토의 자리가 있고, 이는 오늘날에도, 아니 미래에도 유효하다.

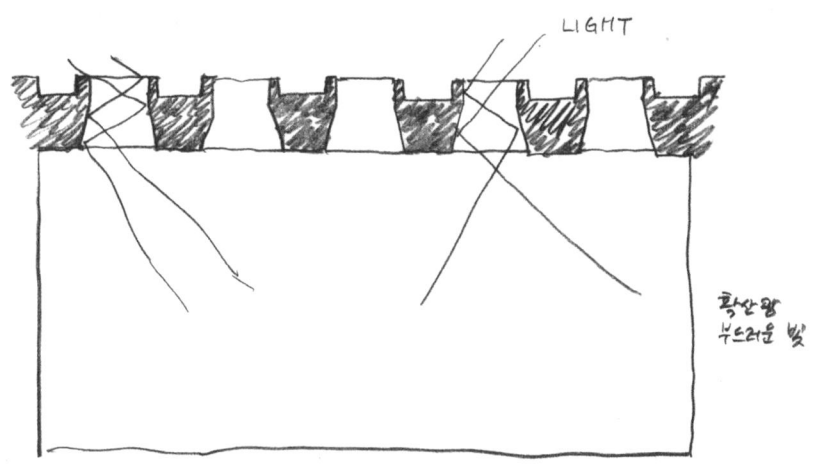

확산광을 주로 활용하는 알바 알토의 천장 디테일 스케치
(핀란디아 뮤직 홀 내부의 타원형 천장 참고)

(위) 핀란디아 뮤직 홀의 빛으로 충만한 내부, (아래) 핀란디아 뮤직홀의 1,700석 규모 메인 홀

안토니오 가우디 1852 – 1926

안토니오 가우디는 스페인 카탈루냐 지방 태생의 건축가로 본명은 안토니 플라시토 길렘 가우디 이 코르네트Antoni Placid Guillem Gaudi I Cornet다. 19세기 말과 20세기 초 스페인 건축을 대표하는 예술가이기도 하며, 카탈루냐, 무데하르, 오리엔탈 건축을 혼합하여 자신만의 독창적인 건축 어법을 구축했다. 스페인에 남아있는 그의 작품들의 대다수는 현재 유네스코 세계유산으로 등재되었으며, 스페인 바로셀로나에서는 그의 작품을 따라 투어 할 수 있는 투어 코스를 만들어 안내하고 있기도 하다.

시대를 앞서간 영원한 아방가르드

근대 건축 태동 이전에 태어난 건축가들은 기존(과거)의 건축 양식을 벗어나기에 어려웠을 것이다. 앞서 소개한 4대 거장은 그들의 생애와 시대의 변화가 함께 흘러가는 행운이 있었지만, 스페인 출신의 건축가 안토니오 가우디(1852-1926)는 아니었다.

1852년에 태어난 그의 건축적 생애는 근대 건축의 거장들보다 앞서 있었기 때문에 이런 시대적 흐름에 자연스럽게 편승하는 행운이 작용하지 않았다. 그러나 그는 시대를 따라가거나 시대를 탐구하기보다는 본질과 그 근원으로 들어가 어느 누구도 넘보지 못하는 혁신적인, 때로는 이단적인 건축물을 설계했고, 그의 비정형 건축은 시대를 뛰어넘는 걸작이 되었다.

컴퓨터 기술로 새로운 조형과 공간의 건축이 대세인 요즘, 수작업과 아날로그 기술만으로 천재적 디자인의 세계를 열어간 안토니오 가우디의 건축 세계로 탐험을 떠나보자. 먼저 가우디는 어떻게 시대를 뛰어넘는 거장이 되었을까?

첫째, 그는 구리 세공업자 가문의 장인인 아버지와 도예공 집안의 어머니의 피를 물려받았다. 어린 시절부터 대장간에서 아버지의 일을 도우며 조형 능력, 공간 인지 능력, 세부 처리 능력, 재료에 대한 감각을 키웠다.

"내가 공간을 느끼고 보는 재능을 갖게 된 것은 주물 제조업자인 아버지와 조부와 증조부 덕이다. 몇 대에 걸쳐 내려오면서 건축가인 내가 만들어졌다. 주물 제조업자는 표면으로 부피를 만들어내는 사람이다."

종이처럼 얇은 구리가 그릇으로 변하면서 모양과 공간을 가지게 되는 과정을 그는 눈과 손, 그리고 온몸으로 체득한 것이다. 그 경험은 가우디 건축의 DNA를 형성했다. 언제나 피는 물보다 진하고, 천재는 선천적 재능과 후천적 노력의 열매라는 것을 가우디의 경우도 예외 없이 보여준다.

둘째, 스페인 카탈루냐Catalunya의 풍요로운 자연에서 자라났기 때문이다. 가우디에게 카탈루냐 지방의 풍요로운 자연과 지중해의 푸른 바다, 찬란한 태양은 위대한 영감의 원천이 되었다. 가우디는 류머티즘, 관절염 등 고질병을 앓았다. 병약했던 그는 어린 시절부터 여느 아이들처럼 밖에서 뛰놀지 못했다. 대신 카탈루냐 지방의 자연을 혼자 사색하고 자연을 벗하고, 이를 그리면서 어린 시절을 보냈다. 그림을 좋아했던 가우디에게 카탈루냐 지방의 풍요로운 자연과 지중해는 가우디가 훗날 만들게 될 위대한 건축물의 영감으로 남게 된다.

"카탈루냐인들은 조형성을 타고나서 사물을 전체적으로 인식하고 각 물체가 놓여야 할 적합한 자리를 안다. 지중해와 햇빛이 이런 존엄한 자질을 키워주기 때문에 카탈루냐인들은 자연에서 가르침을 얻는다."

셋째, 종교에 귀의하고 수도자적 삶으로 미의 본질을 추구한 것이다. 젊은 시절 독실한 신앙인이 된 안토니오 가우디는 종교를 기반으로 한 독특한 자신만의 미학을 형성하게 된다. 가우디의 미학적 표현들은 이를 잘 보여준다.

"예술은 아름다움이고 아름다움은 진실의 광채다. 진실이 없으면 예술은 있을 수 없다. 진실을 알기 위해서는 본질을 연구하지 않으면 안 된다."

"인간은 창조하지 않는다. 단지 발견할 뿐이다. 독창적이라는 말은 자연의 근원으로 돌아가는 것을 뜻한다."

"자연은 신이 창조한 건축이므로 인간의 건축은 그것을 배워야 한다."

가우디의 미학을 간단히 요약하면 '미의 양식만이 아니라 본질을 탐구해야 하며, 본질은 신이 만든 자연을 탐구함으로써 얻을 수 있다'로 이해할 수 있다. 즉 자연이 가우디 건축(형태, 구조, 공간, 재료, 장식, 디테일 등)을 이해하는 열쇠가 된다.

안토니오 가우디의 건축 사상

가우디가 근현대 건축 거장 중 대표 건축가로 꼽히는 경우는 거의 없다. 그만큼 가우디는 주류 건축계에서 멀어져 있다. 그러나 일반인에게는 다르다. 가장 유명한 건축가를 선정한다면 가우디가 제일 유명하거나 친숙한 건축가일 것이다. 사실 가우디의 명성에는 그의 건축의 독특한 형상과 장식, 그리고 색채처럼 일반 사람들에게 눈길을 끄는 다소 시각적인 측면이 강하게 작용한다. 그러나 가우디는 감각이 좋은 디자이너가 아니라 진정한 의미의 건축가다. 이러한 가우디의 건축 특징을 필자는 다음과 같이 네 가지로 정리한다.

1. 자연과 생명 건축

가우디의 건축은 건축학적으로 고딕, 아르누보, 이슬람 양식에서 영향을 받았다고 볼 수 있다. 사람들이 그에 대해 쉽게 오해하는 부분 중 하나가 가우디는

'가우디와 자연' 전시회 중 일부

'과거 양식을 파괴하는 이단아'라는 이미지다. 그러나 가우디는 과거의 건축을 부정하지 않는다. 오히려 과거 양식을 존중한다.

"창조력은 조상들의 작품을 정확히 이해하는 가운데 키워질 수 있다. 오히려 이 안에서 우리 자신을 발견할 수 있으며, 조상들이 남긴 비밀스러운 기술을 이용할 수 있을 것이다."

그는 과거를 존중하되 이를 모방하지 않는다. 과거의 모든 것들을 소화하고 – 모든 독창적인 예술가들이 그렇듯 – 자신만의 개성으로 수정하고 보완한다. 소수의 거장들이 그렇듯 이를 극복하고 초월한다. 가우디는 그 방법을 자연에서 찾았다. 가우디의 독창적인 건축의 열쇠는 자연이다.

그러나 그는 대자연의 모방과 경외에 머물지 않는다. 가우디라는 프리즘을 통한 자연은 일곱 빛깔 무지개로 존재한다. 그의 건축은 자연으로 야기된 유기적 건축을 넘어 생명을 상징하고 지향하는 건축으로 나아간다. 인간과 건축이 함께 햇빛 아래 숨 쉬며 더불어 살아간다.

2. 곡선과 비정형 건축

"직선은 인간의 것이고, 곡선은 신의 것이다."

지금 시대는 어떤 시대일까? 프랑스 현대 철학자 들뢰즈가 이야기했듯이 '홈 패인 공간'의 시대가 아니라 '매끈한 공간'의 시대가 아닐까? 이는 단지 형상과 모양의 이야기는 아니지만 '직선의 시대'와 '곡선의 시대'라는 말로 치환해도 그리 다르지 않을 것이다. 전자를 상징하는 말들로는 다음과 같이 표현할 수 있다. 보다 빠르게, 보다 단시간에, 보다 편리하게, 보다 효율적으로, 보다 경제적으로, 보다 위계적으로….

그런데 이런 사고는 현대 건축을 직선적 세계관에 갇히게 했다. 그렇다면 이 직선적 세계관의 반대편은 무엇일까? 그것은 곡선적 세계관이자 자연의 세계관이다. 가우디의 비범함은 이러한 자유롭고 유려한 곡선적 세계관과 일치한다. 그는 컴퓨터가 없던 시대에 이미 오늘날 컴퓨터 기술을 보여주는 비정형 건축을 이뤄냈다. 가우디의 천재성은 신과 본질, 자연을 탐구한 결과로 드러난다.

디지털 건축의 건강성은 이제까지 보지 못했던 낯설고 기괴한 형상의 추구가 아니라 현대인이 잊어버린 자연의 본 모습과 조화의 신비성, 그리고 에너지의 유기체적 순환성 등에 두어야 할 것이다. 이를 거의 100년 전의 가우디가 아날로그 기술로 이룬 것이다. 건축 역사상 어느 유파에도 속하지 않았던 가우디는 '디지털 건축파'의 선조가 되었다. 그의 집요한 본질 탐구로 마침내 시대를 앞서가고 미래를 예견한 선지자가 되었다.

3. 장식과 구조적 건축

가우디의 건축에서는 먼저 그의 독특한 형상과 화려한 장식이 눈에 띄는 게

(왼) 중력의 전달 원리에서 유추해낸 구조 시스템, (오) 구조 시스템을 적용한 사그라다 파밀리아 성당

특징이다. 그렇기 때문에 가우디가 얼마나 창의적으로 구조적 건축을 하는지는 간과하기 쉽다. 가우디는 구조를 자신의 영원한 스승인 자연에게서 배웠다.

자연으로부터 배운 구조의 원리는 크게 세 가지다. 첫째, 나무, 식물의 줄기, 뼈, 근육이나 힘줄처럼 자연의 직접적 형상에서 아이디어를 얻는 경우이다. 둘째, 중력의 힘 전달 원리를 줄이나 끈 등을 이용하여 늘어뜨리고 이를 역으로 적용하여 아이디어를 얻는 경우이다. 셋째, 우주의 천체 운동 궤도를 파악하여 힘의 운동성에서 아이디어를 얻은 경우이다. 어느 것이나 가우디의 천재성이 드러난다. 가우디의 건축에서는 단지 수학적 계산의 결과가 아닌 – 기둥·보 시스템이 보이지 않는 – 낯선 풍경이 펼쳐진다.

구조와 골격을 중시하는 건축가들에게 때로 '장식은 죄'다. 그러나 가우디에게 장식은 구조와 떼어낼 수 없다. 인간이 육체와 영혼으로 구성되고, 자연의 생명체가 골격과 아름다운 껍질(혹은 피부)로 이루어졌듯이 말이다. 구조체를 가리기 위한 의미 없는 덧붙임이 아니라 구조체와 하나로 통합되는 유기체 같은 장식을 추구한다. 결과적으로 가우디의 건축은 기능적이고 기계적인 건물이 아니라 상징과 은유와 서사를 내포하는 건축이 되었다.

4. 공간과 빛의 건축

가우디의 건축을 진정 제대로 이해하기 위해서는 화려한 형상과 장식보다 공간 그 자체에 집중해야 한다. 그는 새로운 형상의 창조자이며 구조의 천재이자 장식의 대가이면서 공간의 위대한 건축가다.

"현명한 사고는 과학보다 우수하다. 현명한 사고는 종합적인 데 반해 과학은 분석적이다. 현명한 사고는 종합적이며 생명력이 있다. 종합은 '공간'이다."

"인간의 시성은 평면적(2차원적)으로 작용한다. 이에 반해 천사의 시성은 3차원적이며 직접적으로 '공간' 속에서 작용한다."

위의 언급은 가우디가 얼마나 공간을 중시하는지 알 수 있는 대목이다. 독특한 형상과 달리 가우디의 공간은 부드럽고 안온하며 음악적 리듬감이 풍요롭다. 그 이유 중 하나는 그가 빛을 사용하는 방식으로 드러난다.

"모든 건축은 빛의 예술이다."

"빛은 모든 장식의 기초다. 빛에서는 분해된 여러 색채가 생성되기 때문이다. 빛은 모든 조형 예술을 지배한다. 회화는 빛을 묘사할 뿐이며, 건축과 조각은 무한한 색조와 변화를 즐기기 위해 빛에 여러 모티브를 조화시킨다."

가우디의 구조는 그 안에 내포한 공간과 하나가 되는 구조이고, 그 안에는 빛으로 충만하다. 그의 장식은 빛으로 인해 생명력을 가지고, 빛조차도 또 하나의 장식이 된다.

이런 지식을 가지고 가우디의 걸작들을 향해 그랜드 투어를 떠나보자.

안토니오 가우디 첫 번째 작품

그의 영원한 후원자를 위해 만든 궁전이라 불리는 주택

구엘 궁전
Palau Güell

스페인, 바르셀로나, 1886 – 1890

구엘 궁전

스페인, 바르셀로나, 1886 – 1890

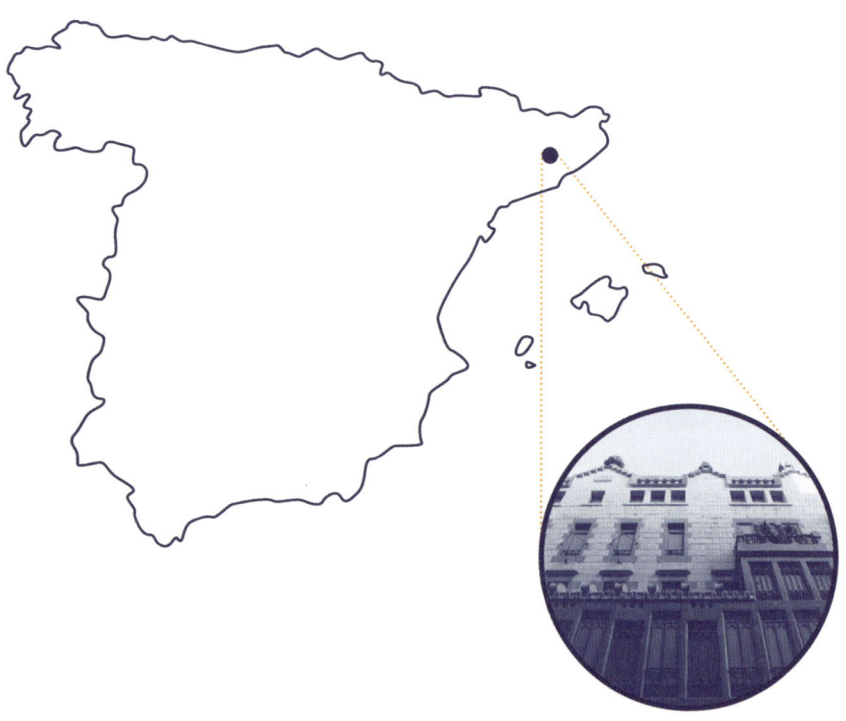

Information

Carrer Nou de la Rambla, 3-5,
08001 Barcelona
(41°22′44″N 2°10′27″E)

TEL: +34.934.72.57.75
WEB: www.palauguell.cat
정보: 현장 유료관람.

시대착오적이지만 인간의 영혼을 움직이는, 많은 공사비가 들지만 예술 작품 같은 건축을 누가 지을 수 있을까? 르네상스 시대의 피렌체에 위대한 예술가들을 후원하고 지원한 메디치 가문이 있다면, 스페인 바르셀로나의 가우디에게는 구엘Eusebi Güell이라는 희대의 인물이 있기 때문에 이러한 건축이 가능하게 된다.
  산업화가 일어나던 당시 방직 기계를 이용하여 직물업으로 부호가 된 그는 다행히도(?) 예술을 사랑했던 사업가였다. 예상하지 못했던 많은 공사비로 가우디를 비난하던 사람에게 "아직 그 정도 비용밖에 안 든단 말이요"라며 가우디를 비호했다는 일화가 있다. 가우디라는 괴짜 천재에게 그는 건축주이자 후원자이자 친구가 되었다. 가우디는 구엘을 "문예 부흥 시대의 왕자"라고 찬사를 보냈다. 아마도 구엘이 없었다면 가우디도 없었을지 모른다.
  이런 구엘을 위한 저택을 위해 가우디는 25개의 파사드 안(案)을 만들며 혼신의 힘을 다해 설계했다.
  초기의 작품답게 입면에는 직선 디자인이 많이 보인다. 견고하고 당당한 파사드는 구엘의 사회적 지위와 문화적 야심을 보이는 데 부족함이 없다. 1층에 위치한 2개의 아치형 출입구의 유연한 곡선이 후기의 변화를 암시할 뿐이다. 두 문 사이에 비상하려는 독수리를 포함한 카탈루냐 장식과 출입구의 주철 장식

구엘 궁전의 아치형 출입구

모두 가우디의 작품이다. 별과 같은 많은 원형 천창을 내포한 뾰쪽탑 하부에는 약 삼층 높이의 공간인 홀이 있다. 이 공간에는 하늘로부터 빛이 내려온다. 옥상으로 올라가면 또 다른 신세계가 열린다. 벽돌과 타일로 만들어진 20개의 환기 굴뚝들은 마치 야외 조각 전시장을 이루며 이 주택의 상징이자 가우디가 설계한 주택의 트레이드마크가 된다. 때로 사치는 낭비가 아니다. 가우디 같은 천재는 사치를 명품으로, 예술로 변화시키기 때문이다.

구엘 궁전 주요 부분 스케치

안토니오 가우디 두 번째 작품
영원히 시공 중인 최후의 걸작

사그라다 파밀리아 성당 / 성가족성당
Sagrada Familia

스페인, 바르셀로나, 1883 –

사그라다 파밀리아 성당 / 성가족성당

스페인, 바르셀로나, 1883 –

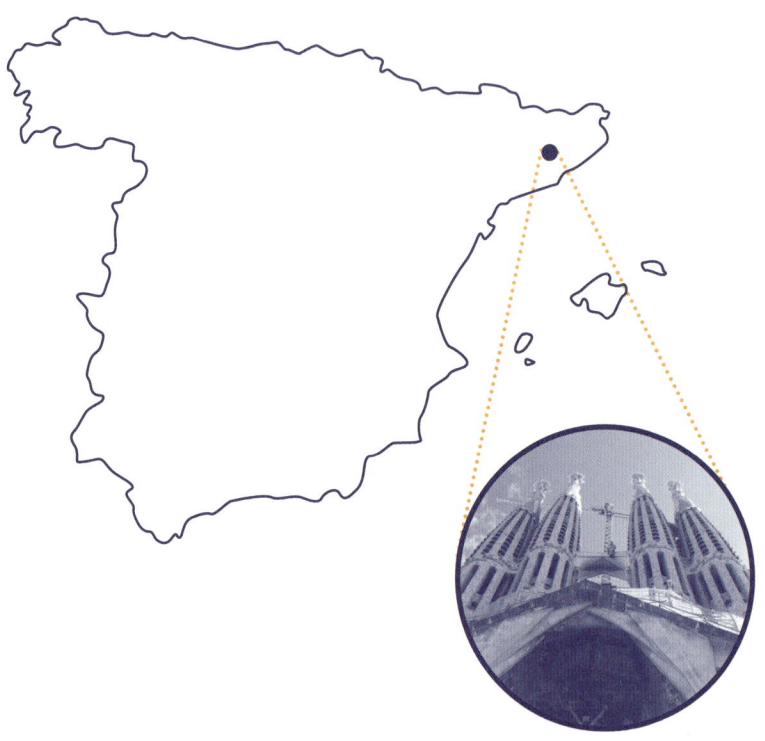

Information

C. de Mallorca, 401,
08013 Barcelona
(41°24′13″N 2°10′28″E)

TEL: +34.932.080.414
WEB: sagradafamilia.cat
정보: 현장 유료관람.

안토니오 가우디 Antonio Gaudí

스페인 바르셀로나의 사그라다 파밀리아는 130여 년 동안 짓고 있는 로마 가톨릭 성당이다. 앞으로도 준공까지 최소 30여 년 이상이 더 걸릴 예정이다. 가우디는 평생의 역작인 사그라다 파밀리아 성당Temple Expiatori de la Sagrada Família을 건축할 때 건축가이자 예술가로서 온 뜻과 마음과 정성과 힘을 다했다. 가우디가 이 대단한 건물의 감독직을 수락한 것은 1883년 가을이었다. 이후 사망할 때까지 40여 년 간 이 작업에만 몰두했다. 특히 마지막 10년은 작업실을 아예 현장 사무실로 옮겨 인부들과 숙식을 함께하며 작업했다.

이 건축물은 서적상이자 발행인인 호세 마리아 보카베리야Josep Maria Bocabella가 주도한 일이었다. 그는 성가족이 봉헌된 사원을 바르셀로나에 짓기로 결심하고 기금을 모아 당시 교구 건축가인 프란시스코 데 파올라덴 빌랴르Francisco de Paula del Villar에게 설계를 의뢰했다. 빌랴르가 건축의 기술 고문인 마르토렐Joan Martorell과의 불화로 사임하자 가우디가 일을 맡았다.

가우디 스스로 이 위대한 건축을 설명하는 소리에 귀를 기울여보자.

"이 교회는 신이 머무르는 곳으로, 기도하는 장소입니다. 여기에 모인 우리 모두는 로마의 카타콤Catacombs에 있는 초기 교회에서 기도를 드렸던 사람들과 같은 마음으로 기도를 드립니다.

지하 성당 위에는 주제단을 설치하고 평면도는 라틴십자형으로 5개의 회랑과 바실리카 양식의 회랑 3개를 만들 것입니다. 3개의 정문을 갖추고 정면에는 마요르카Mallorca 거리와 상응하는 5개의 입구를 갖출 것입니다. 그리고 양 옆문에는 3개의 회랑과 상응하는 3개의 입구를 만들 것입니다. 각 정문에 4개의 탑이 설치되고 3면에서 12사도를 표현해낼 것입니다. 교회는 돔으로 비추는 빛과 유리창을 통해 들어오는 빛이 조합되어 아름다움이 넘쳐흐를 것입니다. 영광된 빛이 조합되어 아름다움이 넘쳐흐를 것입니다. 영광된 빛이 교회 안의 색채를 밝게 비추겠지요. 이 교회가 세워지는 중요한 이유는 '신의 집'과 '기도와 명상의 집'을 만드는 것입니다. (…) 이 교회는 종교를 올바르게 볼 수 있는 넓게 열려진 공간이 될 것입니다."

   이 성당은 가우디의 모든 건축 능력이 최대한 구현된 건축이지만 구조적 창의성이 특히 놀랍다. 그는 중력에 의해 늘여뜨려진 끈, 철사, 평형추 등을 통해 자연이 가르쳐주는 구조 역학 원리를 발견했다. 이를 거울을 이용하여 역으로 구조 골격으로 만들었다. 따라서 수직 단면 형상이 포물선 곡선으로 이루어지게 되고, 지붕을 받치는 각 기둥과 샛기둥들은 나무 수평 구조에서 창의적으로 발전되어 구조 건축의 걸작을 이뤄냈다.

   "성당은 돌로 만든 성서이다."

   "나의 의뢰인(신)은 결코 서두르지 않는다. 따라서 이 건물은 긴 시간의 결과여야 한다. 길수록 더 좋다."

   자본이 왕이고 효율과 경제성만이 큰소리를 치는 세상 속에서 이 건축은 인간의 잃어버린 영혼을 되살린다.

1900년 12월 카탈루냐 최대의 시인 호안 마라갈Joan Maragall은 공사가 중단돼 있는 것이 안타까워 <태어나는 성당El templo que nace>이라는 제목으로 이 성당을 찬미하는 시를 신문에 게재했다.

"'탄생의 문'은 건축이 아니다.

예수 탄생의 기쁨을 영원히 노래하는 시

돌덩어리에서 태어난 건축의 시

미완성의 형태에서 이 성당에 목숨을 건 한 사람의 정열이 보인다.

그는 성당의 완성을 자기 눈으로 보려 하지 않는다.

건축이 유지되기를 후세 사람에게 맡기고 싶어 할 뿐.

그가 만들고 있는 것은 카탈루냐 자신이다."

사그라다 파밀리아 성당 답사 스케치

독특한 장식과 빛으로 가득 찬 사그라다 파밀리아 성당 내부

사그라다 파밀리아 계단실 내부

　형태, 구조, 장식, 조각, 색채, 공간, 빛, 스토리, 서사, 상징 등 가히 모든 층위에서 인류 역사상 최고의 걸작이라 아니할 수 없다. 가우디는 죽어서도 아직 살아 있는 건축의 성인이 되어 우리에게 이야기한다.
　"아무도 할 수 없는 건축을 하려는 사람은 탁월한 자질과 자기희생의 각오가 있어야 한다. 왜냐하면 건축은 끊임없는 희생의 길이기 때문이다. 이 세상의 좋은 모든 것은 자기희생과 엄격한 규율을 요구한다. 예술과 학문은 어느 한계 내에서는 서로 방해한다. 그러나 이러한 과정을 넘어야 한다. 학문과 기술적 원천이 건축 예술의 기본 요소이기 때문이다."

사그라다 파밀리아 계단실 내부에서 내려다본 바르셀로나 도시 풍경

루이스 칸　　　1901 – 1974

Louis I. Kahn

　　　　루이스 칸은 러시아 출신(에스토니아 사아레마 출생)의 미국 건축가로 본명은 루이스 이저도어
　　　칸Louis Isadore Kahn이다. 미국 필라델피아 등을 중심으로 활동했으며, 모더니즘 건축 최후의
　　　　거장으로 평가받는다. 그의 아들(사생아)로 알려진 나다니엘 칸Nathaniel Kahn 감독이 세계를
　　　여행하면서 아버지의 인생과 건축 세계를 이해하고자 노력하는 감동적인 다큐멘터리 영화 <나의
　　　　　건축가My Architect>(2003)을 통해 그와 그의 작품을 이해할 수 있다.

끊임없이 사색한 침묵과 빛의 거장

　오래 전, 한 그룹의 건축가들과 한 달에 한 번씩 한국 전통 건축물을 답사하러 다닌 적이 있었다.(이 그룹에 속했던 건축가들은 현재 국내에서 좋은 작품을 만들어내며 왕성히 활동 중이다) 한 번은 답사 버스 안에서 토론이 벌어진 적이 있다. 그것은 '근현대에 가장 위대한 서양 건축가는 누구인가?', '누구에게 가장 큰 영향을 받았는가?'라는 질문에서 비롯되었다. 여러 사람이 거론되었지만 르 코르뷔지에와 루이스 칸으로 압축되었다. 두 사람 중 누가 더 우월한지를 따지기보다는 두 사람 모두 위대하다는 쪽으로 훈훈한 결론이 났던 기억이 있다.

　루이스 칸은 이처럼 건축가들이 특히 존경하는 건축가다. 그를 한 마디로 표현하기란 매우 어렵다. 근원, 진리, 질서를 찾아가는 구도자(求道者)이며 철학자이자 시인이며 위대한 스승이었다. 깨달음을 통해 우러난 그의 말 한 마디 한 마디는 건축의 길을 걸어가는 순례자에게 깊은 영감으로 다가왔고 창조의 화두로 여겨졌다.

　'건축을 알고자 하는 자는 칸을 연구하라. 건축을 열망하는 자는 칸을 열망하라.

그를 여행하라. 그에 흠뻑 젖어라. 그리고 그를 뛰어넘어라. 당신 자신을 찾아라.'
 이런 루이스 칸이 어떻게 건축의 거장이 되었는지를 다음의 세 가지로 정리하고 싶다.

 첫째, 미국으로 이주한 러시아 에스토니아계 유태인 부모에게서 태어난 루이스 칸은 뼛속 깊이 유태인의 피가 흐르고, 그 유명한 유태인의 교육 방법으로 자라게 된다. 탈무드의 교육 방법, 즉 답을 직접 가르쳐주는 것이 아니라 질문을 찾고 스스로 답을 사유하는 방법은 오롯이 루이스 칸 고유의 디자인 사유 방법이 되었다.
 또한 전형적으로 내성적이고 사고하는 유형의 칸에게 어린 시절 하나의 사건은 그를 더욱 고독과 사유의 세계로 들어가게 만들었다. 그는 석탄이 타는 불꽃을 보고 얼굴을 가까이하다가 큰 화상을 입고 평생 얼굴과 손 등에 화상의 흉터를 갖게 되었다. 이는 루이스 칸이 홀로 있는 고독의 시간을 더 갖도록 만드는 계기가 되었고, 사물의 본질을 사유하고 질문하는 건축가 루이스 칸을 만든 반전의 사건이 되었다. 칸의 위대함은 여기에 있다. 우리에게 언제나 답보다는 질문이 중요하다는 것을 일깨운 것이다.
 둘째, 세 차례 유럽의 그랜드 투어(1928, 1951, 1959)를 통해 미운 오리 새끼에서 백조로 변하게 된다. 1913년부터 1928년까지는 칸에게 있어 학교에서 건축을 배우고 훈련하는 기간이었다. 이 당시만 해도 칸은 가능성을 가진 '학생'일 뿐이었다. 1928년부터 1929년까지의 첫 번째 유럽 건축물 답사는 칸이라는 씨앗이 발아하는 계기가 되었다. 그는 유럽 전역을 거쳐 이탈리아에 이르게 된다.
 역사적으로 인류가 낳은 위대한 고전 걸작을 답사하고 탐구하면서 흑백과 브라운 색조를 사용하여 깊은 질량감으로 건물과 땅을 그리고 탐구했다.(칸의 그림을 모아 출판된 책에서 당시 그렸던 그림들을 발견할 수 있다. 이 책이 잭 혹스팀Jan Hochstim이 펴낸 『THE PAINTINGS AND SKETCHES OF LOUIS I. KAHN』이다. 480여 점에 달하는 그의 그림과 스케치가 연대기 순으로 정리되어 있다. 화가로서의 루이스 칸을 이해하는 데에도, 그의 건축을 이해하는 데에도 매우 도움이 되는 그의 그림이 집대성된 책이다.)

르 코르뷔지에처럼 세상과 건축에 대한 또 다른 이해를 갈망하는 젊은 영혼의 탐구는 그렇게 시작되었고 그의 생 전부를 이어가게 된다. 건축가에게 이것보다 더 중요한 것이 있을까?

셋째, 그에게는 세상에 잊혀지고 세상이 몰라주고 세상에 파묻힌 '침묵의 기간Silent work'이 있었다. 1929년부터 1950년까지는 칸에게 일견 힘든 기간이었지만, 결과적으로 그에게, 또한 인류에게 루이스 칸이라는 거장이 나올 수 있었던 매우 소중한 기간이었다. 그 유명한 '침묵의 기간'은 미국의 경제 공황과 제2차 세계대전으로 인한 건축 경기의 침체로 그에게 건축 관련 일이 전혀 없었다. 그동안 칸은 그림을 그리고 그의 건축 사고를 탐구하고 정립하는 시간을 가졌다. 결과적으로 침묵의 기간은 작품과 일이 없었던 불행의 기간이 아니라 축복의 기간이 되었다. 후에 사람들이 칸에게 물어보았다.

"그 긴 기간 동안 당신을 무엇을 했습니까?" 칸은 이렇게 대답했다.

"공부를 하고 있었습니다."

루이스 칸의 건축 사상

루이스 칸은 사상가로서, 건축가로서, 또한 교육자로서 많은 건축 사상과 사고를 정리하고 이를 가르쳤다. 칸의 사고와 사상은 때로는 선사의 법어처럼 난해하고 이해하기 어렵지만, 그 내밀한 내용을 이해한다면 여러 가지 층위에서 창조의 보고가 될 수 있다. 이런 칸의 건축 특징을 다음의 네 가지로 정리해보았다.

1. 본질의 추구 - 칸의 이중 구조론

많은 건축가들이 사상과 철학을 통해 건축을 설계한다고 한다. 그러나 실제로는 최종 결과물에 끼워 맞추는 구색 맞추기에 머무르는 경우가 적지 않다. 루이스 칸은 그런 의미에서 매우 모범을 보이는 건축가이다. 그는 타고난 유태인으로서 평생 종교와 철학을 탐구하고 깨닫고자 했다. 그리고 그 깨달음을 건축으로 실현하고자 했다.

그의 사상의 주요 맥락은 플라톤의 이데아론과 유사하다. 즉 세상에는 본질로서의 이데아와 그 구현으로서의 실체가 있다는 것이다. 이런 이중 구조론이 칸 방법론의 핵심이다. 구체적으로 대표적인 사례를 들면 형상FORM과 형태SHAPE가 있다. 비슷하게 번역되는 두 단어를 칸은 이데아의 세계에 속하는 것을 형상FORM으로, 현(실) 존재를 형태SHAPE로 정의 내린다. 형상FORM은 존재 의지이고, 눈에 보이지 않는 것이고, 측량할 수 없는 것이고, 구체적인 치수가 없는 것이고, 꿈과 사랑과 느낌Feeling에 속하는 것이라면, 형태SHAPE는 개별 건축가이자 디자이너가 디자인한 결과물이고, 눈에 보이는 것이고, 측량할 수 있는 것이고, 구체적인 치수가 있는 것이고, 지식으로부터 오는 것이다.

많은 건축가나 디자이너가 형태SHAPE를 디자인하는 데 집중한다면, 칸은 눈에 보이지 않는 형상FORM과 본질을 추구하고 이를 찾는 데 중점을 둔 건축가라 할 수 있고, 이 점이 오히려 칸의 건축 사고의 위대성이라 할 수 있다.

```
                    DESIGN
                   Measurable
                    FORM  ─ What characterizes
                      ↑      one existence with
                             from another
              → Realization ← ─ Merging of Religion
         Love.                   & Philosophy (A dream
         Nobility.                that can become a
           Religion      Philosophy ─ The presence of
      Unmeasurable  |       |        Unmeasurable      order
           Transcendence
                |       |
                |       |
             Feeling   Thought
                 PERSONAL
```

칸이 정리한 이중 구조론

2. 건축의 주제로서의 공간

루이스 칸은 이런 이야기를 한 적이 있다.

"나의 시각으로 볼 때 세상에는 두 종류의 여성이 있습니다. 한 부류는 처음 볼 때 그 외모로 인해 매우 매력을 느끼지만 만날수록 점점 매력이 반감되는 경우입니다. 다른 부류는 치장 없는 수수함으로 인해 처음에는 매력을 별로 느끼지 못하지만 만날수록 점점 더 매력이 증가하는 경우입니다. 나는 두 번째 부류의 여성이 좋습니다. 이것은 내가 추구하는 건축에도 그대로 일치합니다."

이는 칸의 건축을 이해하는 데 매우 중요한 이야기이다. 그의 건축은 처음 외관을 볼 때는 무미건조하게 느껴지기도 한다. 특별히 눈에 띄는 요란한 치장이나 장식이 별로 없기 때문에 무덤덤하게 보이지만, 건물의 내부에 들어가

예일대학교 영국미술관

그 공간을 체험하게 되면, 그 공간 안에서 살게 되면 그 구성과 빛과 공간이 어우러지는 아름다움에 놀라거나 전율을 느끼게 된다. 다른 예술 장르에는 없는 건축만이 가지는 '공간'이 건축의 주제임을 칸과 칸의 건축은 주장한다.

루이스 칸의 침묵과 빛 스케치

예일대학교 아트 갤러리

3. 대가의 인장으로서의 빛

그의 스케치를 보면 '침묵과 빛'은 그의 유명한 건축 주제이자 그의 건축 사고를 대표하는 것이다. '침묵에서 빛으로 빛은 침묵으로, 표현하고자 하는 바람, 표현하는 수단, 문지방, 영감, 예술의 성역, 그림자의 보고.' 언뜻 난해한 어귀가 피라미드 밑에 그려져 있다. 필자가 앞서 설명한 이데아론의 이중 구조로 파악하면 좀 더 이해에 근접할 수 있다.

칸에게 건축 본질(이데아)은 침묵이라는 단어로 명명한 것이고, 빛은 그 본질을 실현하는 것(실체)이라고 이해하면 된다. 그에게 건축은 침묵과 빛이 만나는 문턱에 있는 그 어떤 것이다. 침묵이 너무 신비의 세계로 넘어갔다면, 빛의 강조는 칸이 건축 거장이라는 인장과 같다. 칸의 건축에는 공간이 주제이고, 공간에서 주연의 역할을 하는 것은 빛이다. 그런 의미에서 '공간을 디자인한다는 것은 빛을 디자인한다는 것이다'라는 칸의 언급은 유효하다. 그렇다. 빛을 다루고, 빛을 디자인하는 자가 어느 분야든 대가이자 거장이 될 것이다.

4. 물질의 경이를 표현하는 용도로서의 재료

칸에게 본질은 경이를 표현하는 것이다. 그것이 건축이든 문학이든 예술이든 재료이든. 재료에 대한 칸의 이야기를 들어보자.

"당신이 사용하는 재료를 존중하는 것이 중요하다. 당신은 다음과 같이 말하면서 돌아다니지 않는 것이 좋다. '우리는 많은 재료를 가지고 있다. 우리는 이것을 이런 방식으로 사용할 수 있고, 또 다른 방식으로도 사용할 수 있다.' 당신은 벽돌을 사용할 때, 벽돌의 성질이 상실되는 방식으로 사용하거나 – 예를 들어 내 자신이 그래왔고, 또한 당신 역시 그래왔듯이, 어디에 끼우는 재료 정도로 벽돌을 취급하는 경우 – 별 생각 없이 벽돌을 사용하기보다는 소중하게 여기고 존중해야 한다. 벽돌은 아름다운 재료이다. 그것은 지금도 많은 장소에서 아름답게 사용되고 있다. (…) 당신은 콘크리트, 종이, 대리석, 플라스틱 등과 같은 재료와 똑같이 대화를 나눌 수 있다. 당신이 창조한 것의 아름다움은 당신이 재료를 있는 그대로 존중할 때 온다. 재료를 무시하지 말고 인간에게 의미를 가질 수 있도록 재료가 갖는 성질을 존중해야 한다."

이 세상에 문제 있는 재료는 없다. 매너리즘에 빠져 그 재료를 관습적으로 사용하는 우리에게 문제가 있을 뿐이다. 칸은 죽어 있던 모든 재료의 아름다움을 부활시키는 마법을 부린다. – 잘 알려지지 않은 사실이지만 안도의 노출 콘크리트는 칸에게서 배운 것이다. 칸이 노출 콘크리트를 쓰는 방법을 그대로 학습하여 자신만의 미학으로 발전시킨 것이 안도의 노출 콘크리트 수법이다. – '경이의 감각 Sense of Wonder'이 칸의 재료 사용 마법의 비밀이다.

이런 지식을 가지고 칸의 걸작들을 향해 그랜드 투어를 떠나보자.

"당신은 콘크리트, 종이, 대리석, 플라스틱 등과
같은 재료와 똑같이 대화를 나눌 수 있다.
당신이 창조한 것의 아름다움은
당신이 재료를 있는 그대로 존중할 때 온다.
재료를 무시하지 말고 인간에게 의미를 가질 수 있도록
재료가 갖는 성질을 존중해야 한다."

루이스 칸 첫 번째 작품
자타 공인 루이스 칸 최고의 걸작

소크 생물학 연구소
Salk Institute for Biological Studies

미국, 캘리포니아, 1965

소크 생물학 연구소

미국, 캘리포니아, 1965

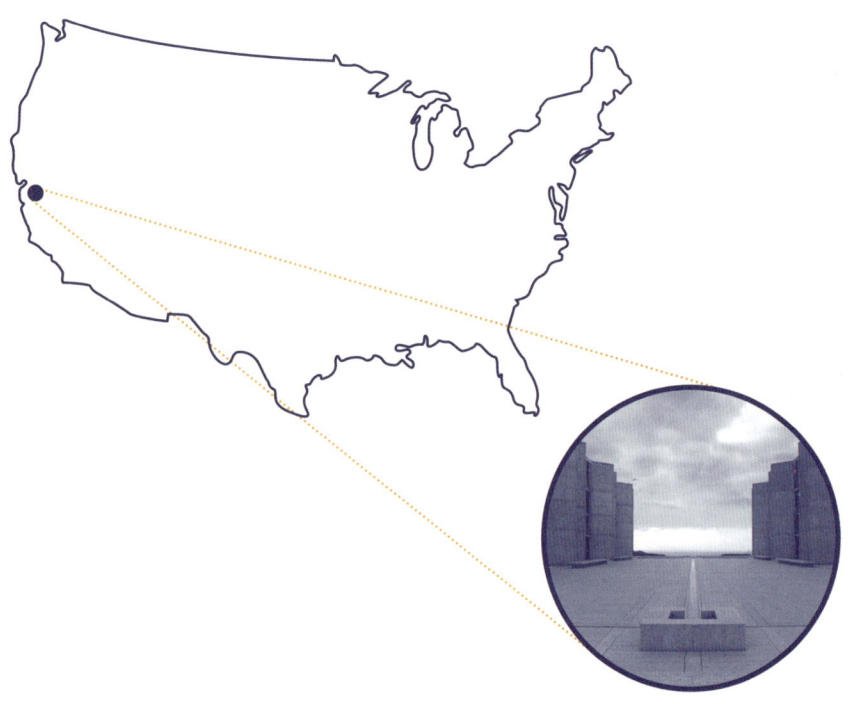

Information

10010 N Torrey Pines Rd, La Jolla,
92037 CA
(32°53´15˝N 117°14´47˝W)

TEL: +1.858.453.4100
WEB: www.salk.edu
정보: COVID-19로 인해 방문 불가능. 평상시에는 사전허가를 받으면 방문 가능

루이스 칸 Louis I. Kahn

소아마비 백신의 연구로 유명한 조나스 에드워드 소크Jonas Edward Salk 박사는 루이스 칸이 설계한 펜실베이니아의 리차드 의학 연구소를 보고 감동하여 이 연구소의 설계를 의뢰했다. 이는 실로 위대한 과학자와 위대한 건축가의 만남이었고 위대한 정신의 만남이었다.

소크 박사는 이 연구소가 과학과 인문학의 재결합을 이루는 장소이길 원했고, 칸에게 이 주제는 측량 가능한 것과 측량할 수 없는 것의 조화를 의미했다. 태평양을 향해 열려 있는 남 캘리포니아의 대지는 이 모든 꿈을 이룰 수 있는 절호의 기회를 칸에게 제공했다. 사람들은 「공동의 연구 공간」에서 프라이버시가 보장되는 「개인 연구소」로, 그리고 마지막으로는 태평양을 향해 열려 있는 「중앙의 빈 마당(중정)」으로 이동한다.

「공동 실험실」은 비렌딜 트러스Vierendeel Truss를 이용한 라멘 구조이며, 한 층 공간이 약 22×72m의 규모를 가짐으로써 기둥이 전혀 없는 넓은 실내 공간을 이룬다. 이와 대조적으로 「개인 연구소」는 벽식 구조의 낮은 층고로 수도원의 승방처럼 아담하다.

설비 공간인 서비스 공간Servant Space과 공동 실험실인 서비스받는 공간Served Space이 수직으로 구성되어 치밀한 과학적 공간 조직 구성을 보인다면, 연구실을

소크 생물학 연구소의 빈 마당(중정)

나온 연구원들이 테라스로 나와 빈 마당(중정)과 푸르른 바다를 바라보는 것은 시적 공간 구성이라 아니할 수 없다. 칸으로 인해 10명이 넘는 노벨상 수상자를 배출하거나 근무한 이곳은 창조를 위한 과학자들의 성소가 되었다.

당초에 중정은 나무가 가득한 정원으로 의도되었으나 멕시코 거장 건축가인 루이스 바라간Luis Barragán의 조언에 따라 나무를 없앤 빈 마당으로 최종 설계된다. 위대함은 위대함을 낳는 것인가. 태평양과 하늘을 향해 열린 마당에서 우리는 건축이 장소를 뛰어넘어 풍경이 되고 인산을 위한 성스러운 공간이 될 수 있음을 느낀다. 가히 건축을 시로 변화시키는 연금술이라 아니할 수 없다.

빈 마당(중정)과 함께 하고 있는 소크 생물학 연구소 모습

소크 생물학 연구소 외형 모습

(위) 소크 생물학 연구소 내의 연구실 모습, (아래) 소크 생물학 연구소 스케치

루이스 칸 두 번째 작품
건축으로 이룬 공동성의 구현

브린 모어 대학 기숙사
Erdman Hall,
Bryn Mawr College

미국, 펜실베이니아, 1965

브린 모어 대학 기숙사

미국, 펜실베이니아, 1965

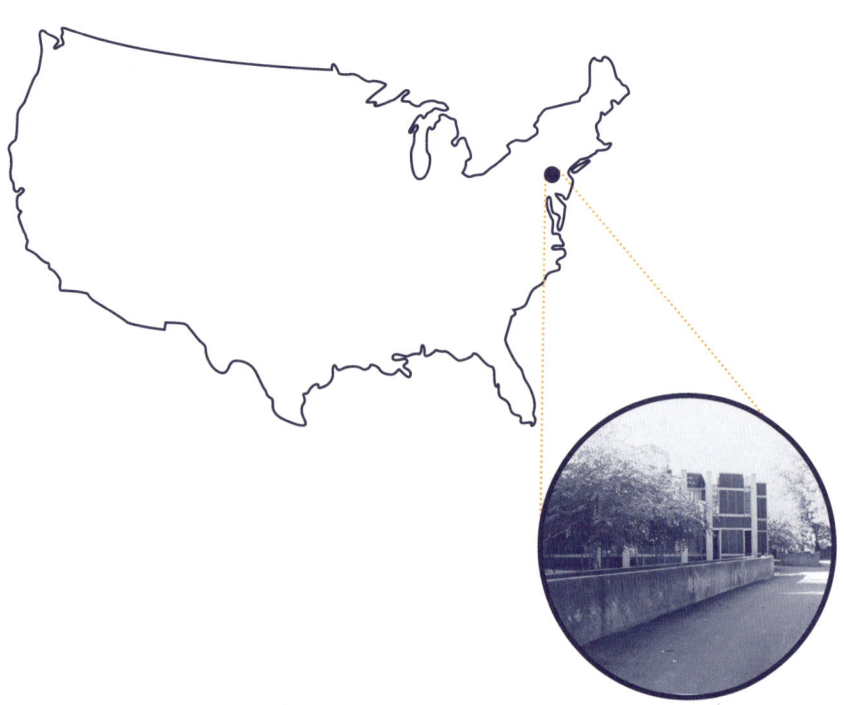

Information

101 N Merion Ave, Bryn Mawr,
19010 PA
(40°1´35˝N 75°18´49˝W)

TEL: +1.610.526.5000
WEB: www.brynmawr.edu
정보: COVID-19로 인해 일부 개방.
브린 모어 대학교 홈페이지를 통해 가상 탐방 가능.

건축은 차가운 물질의 집합일까? 건축은 인간의 욕망을 구현하는 부동산인가?

칸은 인간들에 의해 진행된 건축의 타락에 구원의 횃불을 높이 드는 구도자이다. 칸에게 건축은 꿈이자 사랑이자 느낌Feeling의 현현(顯現)이자 인간성을 회복시키는 기적의 공간이다.

브린 모어 대학 기숙사도 그러하다. 16m 정방형 평면으로 구성된 3층, 3동의 건물들은 일견 이 지역의 어두운 펜실베이니아 슬레이트 석재로 마감되어 그리 크다는 느낌을 받을 수 없다. 작고 좁고 낮은 출입구를 들어가면서도 '이건 뭐지?' 하는 의아함이 더 앞서는 것도 사실이다. 그러나 건물 한가운데로 들어가면 반전이 시작된다.

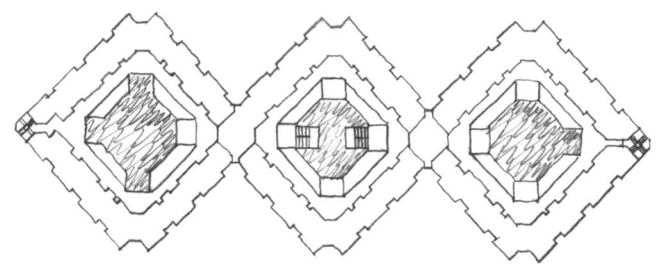

공용 홀과 개별 숙소의 조합인 평면 스케치

브린 모어 대학 기숙사의 외관 모습

건물 측면 상부의 천창으로부터 자연광이 내려오는 넓고 높고 밝은 홀에 들어가면 이곳이 생명과 교류와 공동체의 공간임을 온몸으로 느끼게 된다. 양 옆에 연결된 두 동의 건축물 중앙에는 동일하게 이런 열린 공간이 배치되어 라운지와 식당으로 사용된다. 이 3곳의 열린 공간을 둘러싸고 있는 건물의 가장자리 부분에는 약 150명의 학생들이 생활하는 숙소가 있다.

사적 공간과 공적 공간은 각각의 특성에 알맞게 설계되어 있다. 중앙 부분은 콘크리트 격자보의 거대한 가구식 구조이며, 개별 숙소 부분은 콘크리트 블록을 사용한 휴먼 스케일의 조적조이다. 이곳에서 생활하는 학생들에게 이 건축은 마치 한 지붕 아래 사는 세 가족 같은 공동성을 느끼게 해준다. 건축이 사람들을 분리시키는 요즘, 이곳은 학생들에게, 우리에게 잊어버렸던 공동체의 정신을 회복시키는 선물이 된다.

브린 모어 기숙사 내부 홀을 통로에서 바라본 모습

건축가이자 교수인 매튜 프레데릭Matthew Frederick은 건축가에 대해 꽤 흥미로운 정의를 그의 저서『건축학교에서 배운 101가지 것들』(동녘, 2008)에서 이야기한다. "건축가는 늦게 피는 꽃이다"라고.

많은 사람이 무엇인가를 이루기를 원하지만 바람만 있을 뿐 대다수는 그것을 이루지 못한다. 그 이유는 무엇일까? 물이 끓어 기체가 되려면 100℃가 되어야 한다. 1℃, 2℃⋯. 서서히 끓는 물은 변화의 가능성이 존재한다. 그러나 당신이 50℃, 60℃에서 멈춘다면, 80℃, 90℃에서 가열을, 변화의 노력을 멈춘나면 그것은 원래의 물로 되돌아갈 뿐이다. 오직 100℃까지 가열해야 액체는 기체로 변화한다. 다른 존재로 기화한다.

그 탐구의 과정, 인내의 과정, 땀을 쏟아붓는 인고의 과정 없이는 어느 누구도 기체가 될 수 없다. 그 기간은 누가 알아주지 않을지라도, 외로울지라도, 힘이 들어 지칠지라도 거쳐야 한다. 누구나 1℃, 2℃로 출발할 수는 있다. 그러나 오직 소수만이 100℃에 도달할 수 있다. 당신은 그 길을 갈 수 있겠는가?

아마도 이 설명에 가장 부합하는 건축가가 있다면 그는 루이스 칸일 것이다. 다행이다. 모든 건축가들의 스승 '루이스 칸'이 있어줘서.

카를로 스카르파   1906 – 1978

카를로 스카르파Carlo Scarpa는 이탈리아 베니스 태생의 건축가로 자국의 문화를 자랑스럽게 여기고 연구한 건축가로 유명하다. 모더니즘의 한계를 넘어선 지역성과 섬세한 그의 감성이 담긴 치밀한 작품들로 디테일의 끝판왕이자 장인이라는 별명을 얻기도 했다. 국가시행 건축사 시험을 거부하고 주류에서 벗어나 예술가이자 건축가로 삶을 살았다.

재료와 빛과 디테일의 마술사

'건축이 무엇인가?'라는 질문에 하나의 대답만 존재하진 않는다. 각자의 생각에 따라, 가치관에 따라, 삶의 경험에 따라 그에 맞는 다른 정의를 내릴 것이다. '건축이란 공간의 질서를 세우는 것이다'라며 건축의 특징을 강조하여 말하는 사람도 있을 것이다. '건축은 시대 정신의 표현이다'라는 선언도 가능하겠다. 앞서 소개한 루이스 칸은 이렇게 이야기했다.

"건축은 위대한 초월에 대한 높고도 원대한 시도이며, 내가 알고 있는 최고의 종교적 행위이다."

건축의 구도자 루이스 칸다운 숭고한 정의다. 조각가 로댕Rodin은 다음과 같이 말한다.

"건축은 가장 두뇌적인 예술이며 가장 감각적인 예술이다. 모든 예술 중에서 인간의 모든 능력을 가장 완전하게 요구하는 예술이다. 다른 어떠한 예술에서도 창조의 원리 및 법칙을 따르는 예술이다. 왜냐하면 건축물은 항상 분위기 속에 잠겨 있기 때문이다."

이탈리아 건축가 카를로 스카르파는 건축을 예술로 이해한다. 아니 그의 모든 삶이 예술가로서의 그것이라 해도 과언은 아니다. 그는 기능과 효율을 중시하던 근대에 빠름을 거부하는 독특한 그의 작업 특징 때문에 생애의 대부분을 건축가가 아닌 예술가로만 호칭되기도 했다. 그는 사후가 되어서야 비로소 신화 속의 인물로서, 건축 거장으로서 숭배를 받고 있다.

이런 카를로 스카르파를 이해하기 위해 필자는 그의 삶을 일곱 장면으로 기술함으로써 그만의 독특한 특이성과 건축을 이해해보고자 한다.

[장면 1] 1906년 '물의 도시' 베니스에서 초등학교 교사의 아들로 태어났다. 부모를 따라 다른 도시에서 살기도 했지만, 삶의 대부분을 낭만과 예술의 도시 베니스에서 산 것은 감수성과 예술성이 뛰어난 스카르파에게는 큰 자양분이 되었다.

[장면 2] 학창 시절 방학 때면 형제들과 함께 대부 타치 백작의 농가에서 대부분의 시간을 보냈다. 그곳에서 경험한 이탈리아의 아름다운 광장, 고전적인 건축들, 그리고 다양한 색상의 재료들과 화려한 대리석들은 스카르파의 뇌리에 잊히지 않는 감흥이 되었다.

[장면 3] 베니스 예술대학 건축디자인학과에서 수학하고 재능을 인정받아 1926년 졸업과 동시에 새로 개설된 베니스 건축대학에서 조교가 된다. 교수이자 건축가로서의 삶의 초석이 시작된 것이다.

[장면 4] 직업건축가로서의 등록이 경력 미달로 무산되고, 들어오는 건축 일거리도 줄어들면서 그는 베니스 인근에 있는 유리공예의 성지 무라노 섬에서 유리세공사가 된다. 이는 스카르파가 건축에만 국한되지 않는 디자이너이자 예술가가 되는 계기가 되고, 이로 인해 그는 기존 건축가들과는 다른 행보를

걸었다는 꼬리표를 평생 달고 다니게 된다.

[장면 5] 무언가 하나를 파면 끝장을 보는 성격으로 인해 어떤 분야든 관심이 있는 분야에는 못 말리는 일명 '덕후'가 된다. 카를로 스카르파는 건축과 디자인만이 아니라 먹고 마시는 일에도 자신만의 방식이 있었다. 그의 식당 출입은 한 마디로 해프닝의 연속이었다.

그는 단골 식당에 가서 요리사를 불러모아놓고 자신의 친구들에게 무엇을 대접하고 싶은지를 큰소리로 설명하곤 했다. 그리고 식사를 기다리는 동안에도 바닥 마감재와 계단, 계단 손잡이 등에 대해 토론을 벌이기도 했다. 때로는 하늘에 떠 있는 구름의 아름다움에 대한 자신의 철학을 피력하곤 했다. 그런가 하면 음식이 도달하기 전에 스카르파는 주방으로 들어가 모든 음식의 맛을 본 후 자신의 견해를 들려주었다. 만약 아무리 훌륭한 음식이라 할지라도 그가 아니라고 하면, 다 차려진 음식들도 쓰레기통으로 들어가야 했다.

바로 이 같은 상황 때문에 약속 시간은 그에게 아무런 의미를 주지 않았다. 즉 즐기기 위해 무엇인가에 몰두할 때 그는 시간이라는 걸 전혀 염두에 두지 않았다.

[장면 6] 1951년 명예 박사 학위를 받기 위해 프랭크 로이드 라이트가 베니스를 방문했을 때 라이트는 당시 이탈리아 주류에서 소외받던 스카르파를 찾아 자신을 위한 모임에 참석케 했다. 이후 스카르파는 자신의 작품에 큰 영향을 준 거장으로 라이트를 언급하곤 했다.

"나는 미스 반 데어 로에와 알바 알토를 항상 존경해왔다. 그러나 라이트의 작품은 나에게 마치 광명을 주는 듯했다."

[장면 7] "나는 일본으로부터 많은 영향을 받고 있다. 그것은 내가 일본을

답사했다는 것뿐만 아니라 내가 일본을 가기 전부터 일본의 심미적 미감과 미학에 매료되었기 때문이다. 우리가 흔히 말하는 '멋'이라는 것이 일본에는 어디에나 존재한다."

스카르파는 일본의 선(禪)의 정신적·미학적 아름다움에서 깊은 영향을 받았다. 그는 1978년 일본 북부의 센다이 지역 공사 현장에서 불의의 사고를 당해 그의 생애를 먼 이국 일본에서 마무리했다. 아쉽지만 평생 건축과 예술을 위해 살아온 건축가다운 죽음이 아닐 수 없다.

카를로 스카르파의 건축 사상

스카르파는 주류 건축계에서는 이단아·기인으로 여겨지며 배척당했지만, 이탈리아의 근현대 건축에서는 합리주의 건축과 카를로 스카르파만이(오직 두 부류만이) 존재한다는 평이 있을 정도로 그는 전설로 평가받고 있다. 예술과 디자인의 나라 이탈리아는 이 괴짜 건축가를 수용했고, 그의 건축을 사랑하는 건축주들 덕분에 주옥 같은 작품들이 이탈리아 곳곳에 남아 있다. 필자는 카를로 스카르파의 건축의 특징을 다음의 세 가지로 정리하고자 한다.

1. 파편으로 이루어낸 새로운 풍경

이탈리아 여행자들은 잘 알고 있겠지만, 이탈리아의 많은 도시에는 과거 유적과 건축물이 늘어서 있다. 이탈리아는 이런 문화유산을(관광의 대상이 되는 박물관적 건축을 제외하고는) 박제된 미라가 아니라 오늘날에도 사용되는 건축으로 활용하고 있다. - 오래된 건축물을 다 부수고 새로운 건물을 짓거나, 사용하지 않는 건축물이 관람용 전시물로만 남아있는 우리들과 궤를 달리한다.

　특히 기존 건물을 최대한 살리고 필요한 부분을 개수하여 사용하거나 옛 건물을
새로운 기능을 위해 전용하는 데에 카를로 스카르파는 천재적인 재능을 드러낸다.
시간의 무게를 이겨내지 못하고 버려진 건축물이나, 제2차 세계대전 등으로
허물어지고 남은 파편을 오히려 새로운 건축의 주역으로 만들었다. 건물 부분들의
단면이나 파단면에 새로운 가치를 생성하는 스카르파의 마법이 벌어지는 것이다.
　오래된 것과 새로운 것의 대비, 독립성이 강한 형태와 불안정한 부분의 대비 등
다른 성질의 것들을 충돌시키거나 보색 조화를 통해 파편들을 부활시키고 새로운
풍경을 완성한다.

　<u>2. 물질, 재료, 디테일의 끝판왕</u>
　"사물 자체를 보고 싶다. 그리고 그것만을 믿는다."
　세상이 세속화되면서 물질 중심의, 경제 중심의 일상이 지속되고, 이에 대한
비판으로 사람의 영혼이나 정신, 인문학의 중요성이 강조되고 있다. 이는
건축에서도 크게 다르지 않다. 건축을 부동산으로만 인식하는 작금의 사태에 대한
반작용으로 때로는 건축을 이론이나 정신의 현상학으로 보는 경향이 나타났다.
그러나 물질은 정신의 반대가 아니며 존재 의지는 물질로만 나타난다고 강변하는
이가 카를로 스카르파다.
　그는 물질과 재료를 다루는 데 탁월했고, 그의 작품에는 본래 소재의 존재감이
살아나며 동시에 시간의 흐름마저 드러난다. 스카르파에게 부분이나 세부는
전체를 위한 일부가 아니다. 각각은 서로의 관련성이 있지만 독립된 존재이고,
그 스스로의 아름다움만으로도 빛을 발한다. 통상적으로 이런 경우는 흔히

조잡과 치졸, 그리고 과잉된 장식으로 인한 과유불급 지경에 이르고 만다. 그러나 스카르파는 다르다. 모든 것이 완전히 개별이면서 동시에 완벽한 조화를 이룬다. 모든 디테일이 완벽하고 새롭고 아름답다. 가히 신묘한 솜씨이고 불가사의한 아름다움이 아닐 수 없다. 소위 요즘 표현으로 '디테일의 끝판왕'이라 할 수 있을 것이다.

3. 예술로서의 건축, 건축으로서의 예술

전술한 대로 스카르파에게 건축은 예술이다. '인간의 삶은 유한하나 예술은 영원하다'라는 말이 있듯이 그에게 건축은 영원을 의미한다.

오랜 계획 기간, 값비싼 재료 사용, 정교하고 섬세한 디테일. 이들은 모두 그의 건물들이 매우 높은 가치를 가지도록 만든 요소다. 그의 건축에는 설계 시의 미비함에 따른 문제점, 도색 보수, 부실 공사로 인한 보수 따위는 전혀 생각할 필요가 없다. 그의 건물은 모든 것이 완벽하다. 특히 그의 건물들은 준공 후 몇 년만 지나면 초기의 흥미와 가치가 떨어지고 격이 사라지는 가벼운 장난 같은 건물들과는 거리가 멀었다. 아름다움이 빠르게 상실되어가는 사회와 환경을 염려하고 건축의 퇴보를 우려했던 그는 예술과 예술가를 사랑하고, 단순한 기능적인 건물들을 저주했던 일종의 기인이었다.

따라서 그는 건물을 설계하는 데 굉장히 많은 시간을 투입했다. 모든 작품에 완벽에 완벽을 기했으며, 과거의 것과 현대의 것의 조화를 추구했다. 따라서 주택 하나를 건축하는 데에도 수년에 걸친 계획 기간이 소요되었고, 그는 완벽을 추구하느라 걸리는 오랜 시간 탓에 건물과 기타의 작품들이 미완성인 채로 남아 있는 것을 매우 즐겼다. 마지막 손길이란 그에게 있어 일종의 절충안으로 간주되었기에, 그는 절충을 위한 기간이 길면 길수록 좋다고 생각했다. 이에 대해 스카르파는 다음과 같이 이야기했다.

"만약 건물이 100여 년 동안 서 있는 것이라면, 어느 누구도 계획 기간이 6개월이었느냐, 아니면 3년이 걸렸느냐는 질문을 하지 않을 것이다. 그러나 모든 건물이 그보다 오래 서 있어야 하기 때문에 얼마나 더 많은 시간을 가지고 충실히 계획되었는가가 중요하다."

부실과 대충주의의 만연, 속도와 효율의 강조 속에서 더 중요한 무엇인가를 잃어가고 있는 요즘, 20년도 안 된 건물들을 재건축하겠다고 건설업계가 들썩이고, 예술로서의 건축을 추구하는 일이 정말 드문 우리에게 카를로 스카르파의 소리는 하나의 죽비가 되어 우리를 내리친다.

이런 지식을 가지고 카를로 스카르파의 걸작들을 향해 이탈리아로 그랜드 투어를 떠나보자.

베니스의 옛건물을 재생시킨 스카르파의 조르지오 프란체티 갤러리

카를로 스카르파 첫 번째 작품
고건축 재생의 명품작

카스텔베키오 뮤지엄
Castelvecchio Museum

이탈리아, 베로나, 1964

카스텔베키오 뮤지엄

이탈리아, 베로나, 1964

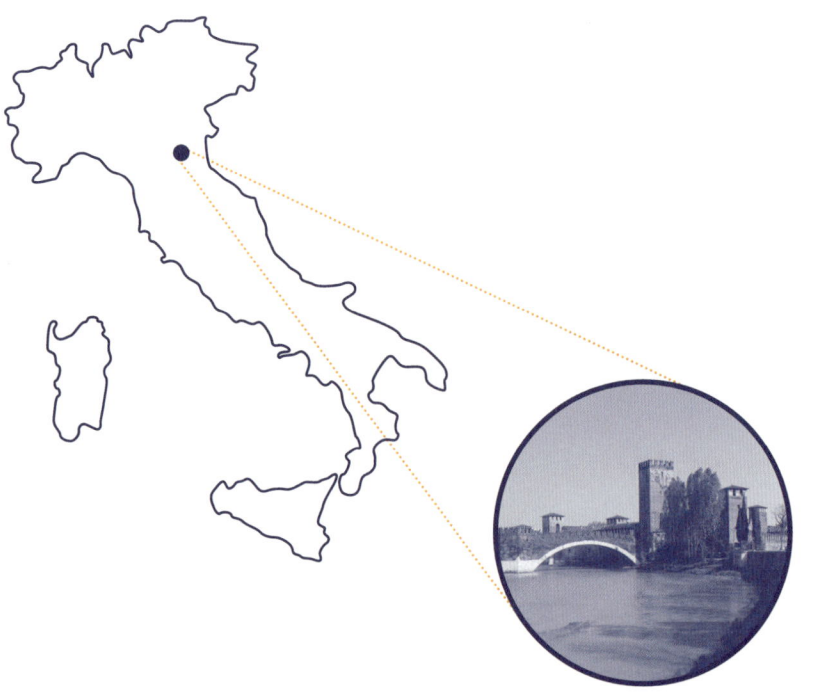

Information

Corso Castelvecchio, 2,
37121 Verona VR
(45°26′24″N 10°59′16″E)

TEL : +39.045.806.2611
WEB : www.museodicastelvecchio.comune.verona.it
정보: 현장 유료관람. COVID-19 백신 여부 확인해야 입장 가능.

역사적 건물들을 현대에 어떻게 다룰 것인가는 매우 중요한 문제다. 너무나 많은 건물들이 쥐도 새도 모르게 철거되고 있고, 일부 남은 건물들은 강박적으로 보전되어 손도 대지 못하는 경우가 많다. 그런데 건물 본래의 구조와 아름다운 가치를 훼손하지 않으면서도 현대인들의 삶을 담아낸다는 이 어려운 난제에 과연 해답을 찾을 수 있을까?

카스텔베키오 뮤지엄의 외관 모습

카를로 스카르파는 베로나의 카스텔베키오 뮤지엄Castelvecchio Museum을 통해 해답 찾기가 가능하다고 선언한다. 그는 제2차 세계대전 당시 폭격으로 피해를 입은 중세의 아름다운 성을 필요한 부분만 최소한으로 손대면서도 훌륭히 현대적인 박물관과 갤러리로 변화시키는 마법을 보인다.

이 박물관을 위한 스카르파의 드로잉을 보면 그가 예술가만이 아니라 건축가임을 알 수 있다. 공간을 디자인하는 것이다. 한 공간 안에 전시물과 전시대를 디자인하여 위치를 선정하고 빛을 끌어들인다. 즉 하늘의 푸른 부분 하나를 도려내어 실내로 끌어들임으로써 전시물에 생명력을 부여하는 것이다. 그는 빛의 유입 못지않게 빛이 스며든 면 또한 사랑했고, 이들 상호 간의 교차를 즐길 줄 알았던 건축가였다. 전시물, 기존 건물, 새로운 건축의 요소들이 혼연일체가 되어 방문객들에게 경이로움과 즐거움을 주고 스카르파의 천재성을 증명한다.

1956년에 시작된 이 프로젝트는 10여 년이 걸렸다. 긴 인고의 시간이지만 결과를 보면 충분히 기다릴 만한 가치가 있음을 만천하에 알렸다.

카스텔베키오 뮤지엄 스케치

중세성의 아름다운 모습이 유지되어 있는 카스텔베키오 뮤지엄

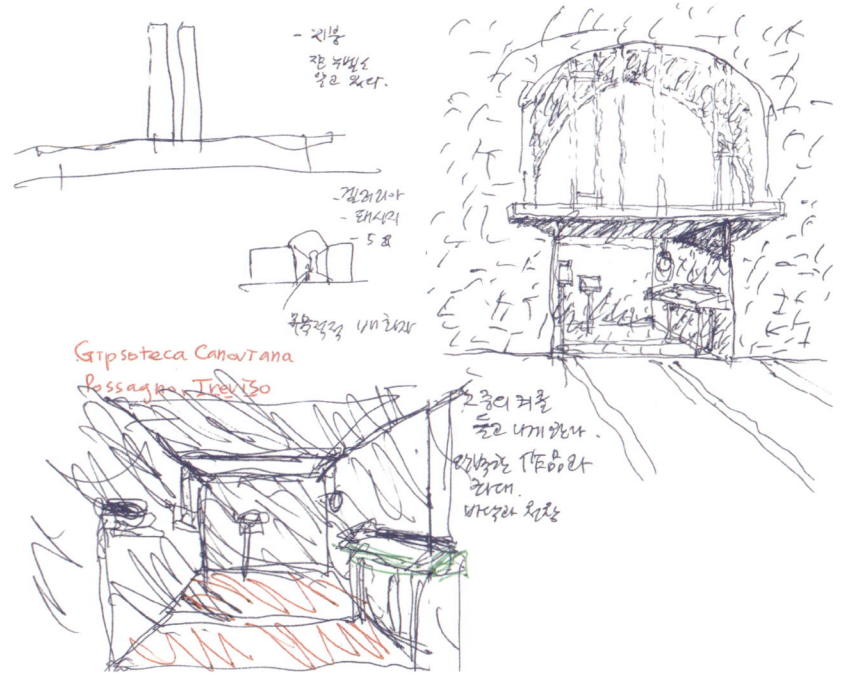

(위) 카스텔베키오 뮤지엄의 내부 모습, (아래) 카스텔베키오 뮤지엄 스케치

카스텔베키오 뮤지엄의 내부 모습

카를로 스카르파 두 번째 작품
묘지 건축의 걸작 중의 걸작

브리온 묘지
Brion Cemetery

이탈리아, 트레비소, 1972

브리온 묘지

이탈리아, 트레비소, 1972

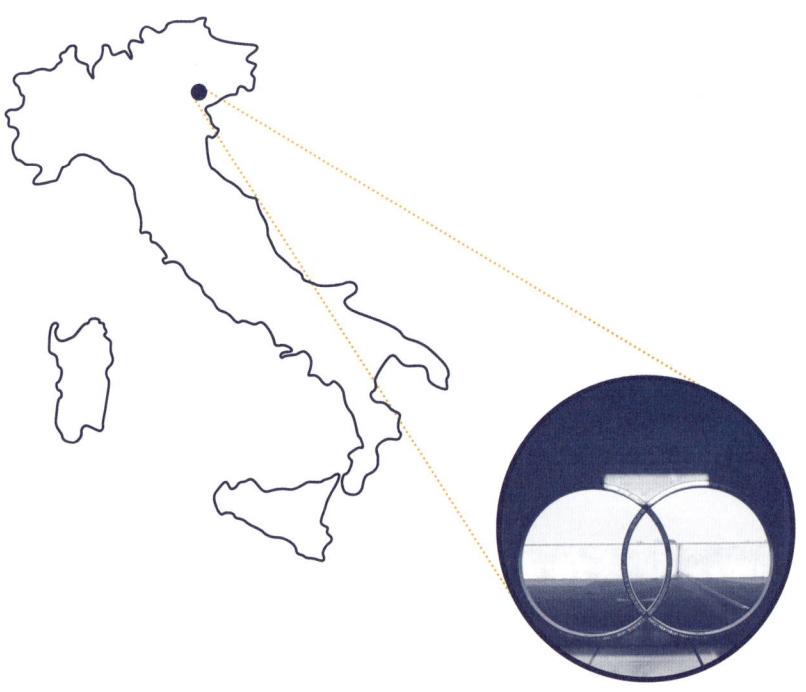

Information

Via Brioni,
31030 Altivole TV
(45°7510376 11°9132938)

TEL: +39.0423.918380

이탈리아에서 묘지 설계는 오랫동안 예술로 여겨졌다. 인생에 있어 삶과 죽음은 하나이고 둘은 연결되어 있다. 브리온 묘지 Brion Cemetery는 죽음에 대한 찬미가이다. 이탈리아 가전업계에서 부를 쌓아온 브리온 가(家)는 가문의 묘지 설계를 카를로 스카르파에게 의뢰했다.

브리온 가의 묘지에서 스카르파는 이전까지 전혀 실현해보지 못했던 자신의 상상 세계를 마음껏 펼쳐보였다. 계획을 의뢰한 브리온 가는 모든 것을 스카르파에게 위임했기 때문에 스카르파에게는 경비의 측면에서도 거의 구애를

브리온 묘지의 모습

브리온 묘지의 모습

받지 않는 최고의 기회였다.

2,000㎡가 넘는 이 묘역은 다른 공동 묘역과 붙어 있어 누구나 출입이 가능하다. 스카르파는 이 묘지의 디자인을 위해 수많은 드로잉을 남겨 놓았는데 이 중 배치도 드로잉을 보자. 다른 설계 드로잉과 마찬가지로 가운데에는 연필, 자, 스케일을 이용한 배치 계획이 정확하게 그려져 있고, 주위에는 부분의 디자인 발전을 위한 드로잉이 그려져 있다. L자형 대지의 중심 부분에 브리온 부부의 묘가 축선을 따라 45° 기울어져 배치되어 있고 입구동, 파빌리온, 가족의 묘, 예배당 등이 있다. 프리핸드로 그려져 있는 외곽의 드로잉처럼 디테일은 매우 기교적이며, 독자적인 건축 언어가 과잉이라고 여겨질 만큼 많이 사용되어 있다.

그러나 이는 스카르파의 섬세한 제어와 장인의 능숙한 솜씨를 통해 조악한 것이 아니라 풍요로운 건축적 요소로 변모했다. 소재는 주로 콘크리트이지만 곳곳에 돌이나 금속, 나무가 효과적으로 사용되었다. 그의 디테일 드로잉을 보면 그가 얼마나 세밀한 디자인과 퀄리티에 심혈을 기울였는지 알 수 있다. 중축과 개보수가 그의 일의 대부분이었던 스카르파에게 브리온 묘지 계획은 그의 모든 것을 보여줄 수 있는 최상의 기회였다. 그리고 마침내 이러한 노고를 치하받았다.

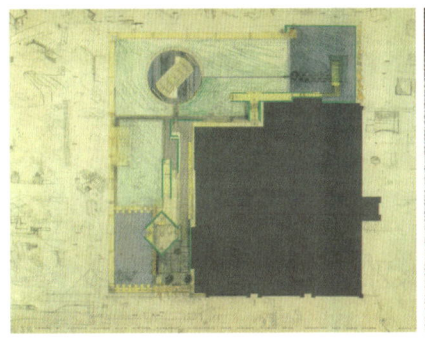 

(왼) 스카르파의 브리온 묘지 디자인 스케치, (오) 브리온 묘지에 안치된 스카르파의 무덤

브리온 묘지의 모습

그 자신도 세상을 뜬 후 이 아름다운 묘지에 묻힌 것이다.

카를로 스카르파는 건축을 예술의 차원으로까지 승화시킨다. 그의 건축은 매우 구축적이며 장인 기술의 신뢰가 담겨 있고 재료의 물성이 빛을 발한다. 추상적이고 기하학적인 형태를 추구하면서도 과거와 현대를 조화롭게 연결시킨다. 잃어버린 과거의 것과 새로운 것의 조화를 스카르파만큼 능숙하게 이루어내는 건축가도 없으리라. 이는 그가 과거의 고전 걸작에서 보이는 형태와 재료가 갖는 아름다움과 풍요로움을 이해했기 때문이고, 그것을 현대의 빛 아래 꽃피웠기 때문일 것이다.

그의 건축에 있어 디테일은 건축의 아름다움을 실증한다. 디테일에 대한 애착과 사랑이, 사소한 장식품으로 전락해버릴 수도 있는 디테일을 한 단계 발전시킨다. 스카르파에 있어서 부분이라는 것은 전체 이상의 커다란 의미를 갖는다. 전체는 부분의 단순한 종합이 아니며, 각 부분은 자율적으로 구성되어 있으면서도 전체적으로 통합되어 있다. 건축이 부동산으로 전락하는 이 시대에 다시 새겨볼 만한 귀한 가치가 아닐 수 없다.

이오 밍 페이 1917 – 2019

이 오 밍 페이Ieoh Ming Pei는 중국계 미국인 건축가로 중국 광저우에서 태어났다. 1983년 프리츠커상 수상자이며, 전통적인 건축적 요소와 후기 모더니즘의 결합을 보여주는 작품들을 다수 설계했다. 르부르 박물관의 피라미드 설계로 전세계에 그의 이름을 알렸다. 그의 작품인 미호 뮤지엄은 피터 로젠Peter Rosen의 다큐멘터리 영화 <산 속의 그 미술관The Museum on the Mountain>(1998)를 통해서도 만날 수 있다.

모더니즘 건축과 동양적 미학의 해후

2019년 5월 세계 건축계는 하나의 비보를 접했다. 102세까지 장수하며 활약하던 중국계 미국 건축가 이오 밍 페이의 타계 소식이다. 이오 밍 페이는 영문 이니셜인 'I. M. Pei'에 따라 '아이 엠 페이'라고도 많이 호칭되기도 한다. 페이는 프랑스 루브르 박물관 유리 피라미드의 설계자이자 동양계로서는 처음으로 건축계의 노벨상인 프리츠커상을 수상하면서 세계적 명성을 얻은 스타 건축가다.

  수많은 건축가들이 명멸하는 건축계에서 동양 출신 건축가인 페이는 어떻게 세계적으로 인정받으며 오랫동안 그 명성을 유지하는 걸작들을 설계해왔을까? 페이와 그의 건축을 향해 그랜드 투어를 떠나보고자 한다.

  필자는 중국의 한 소년이었던 이오 밍 페이가 어떻게 세계적 건축의 거장 반열에 오르게 되었는지 다음의 네 가지로 정리해보았다.

  첫째, 페이는 1917년 중국 광저우에서 부유한 은행가의 아들로 태어났다. 페이는 어린 시절 아버지를 따라 상하이, 홍콩, 수저우 등으로 이주했다. 이런 경험이 어린 페이에게 깊이 각인되었다. 특히 중국의 아름다운 전통 정원이 많은 수저우에서 자연과 조응하는 동양 건축의 아름다움을 체득한다.

"나는 어른이 되었을 때에도 수저우에서의 경험을 통해 내가 무엇인가 배웠다는 것을 인식하지 못했다. 그러나 지금 그 당시를 회상해보면 나의 내면에 깊은 영향을 미쳤다는 것을 인정하지 않을 수 없다. 그것은 자연이 홀로 있을 때에도 아름답지만 자연에 인간의 노력이 더해졌을 때 더욱 아름다울 수 있다는 것이다. 창조의 정수는 자연에 인간의 손이 – 지혜롭게 – 더해졌을 때이다."

또한 그는 당시 급격하게 발전하고 서구화되는 상하이의 풍경에서 큰 자극을 받았다. 대부분의 건물이 2, 3층 규모였던 중국에서 23층 높이의 고층 빌딩이 지어지는 풍경은 그에게 큰 충격을 줬다. 이러한 풍경의 급격한 변화는 그를 서양에서 공부하게 만들었으며, 나아가 건축가가 되고자 하는 꿈을 갖게 만들었다.

둘째, 18세가 되던 해에 그는 미국으로 이주하여 펜실베이니아대학교에서 건축을 전공한다. 하지만 그는 보자르식의 고전적 교육을 가르치던 펜실베이니아대학교의 교육 방식에 실망하여 모던 건축을 가르치는 MIT대학교로 전학한다. 대학 졸업 후에는 근대 모더니즘의 거장 중 한 명인 발터 그로피우스가 원장으로 있던 하버드대학교 건축대학원에서 공부를 이어갔다.

건축에 열정이 넘치던 페이는 서구 모더니즘의 거장들에게서 직접 사사하며 건축가로 성장하게 된다. 발터 그로피우스는 페이의 졸업 설계에 대해 '내가 본 학생 작품 중 가장 훌륭하다'며 평하기도 했다. 또한 페이는 이들에게 모더니즘이라는 건축적 사조뿐만 아니라 당시에는 생소했던 조직 설계 방법을 배우며 영향을 받게 된다.

셋째, 그는 대학원을 졸업한 후 또 다른 거장인 미스 반 데어 로에와 루이스 칸과 교류하며 실질적인 영향을 받는다. 당시 로에와 칸은 미국에서 대활약하던 거장 건축가로서 이미 명성을 떨치고 있었다. 배움에 열정적이고 열린 사고를 가진 페이는 당시에 한 학파SCHOOL에만 머물러야 한다는 금기를 깨고 미스 반 데어 로에에게 가서 큰 영향을 받게 된다. 미스의 순수한 조형주의와 미니멀한 디자인 스타일, 그리고 디테일에 대한 강한 집착은 그대로 페이의 건축 방법론이 되었다. 뿐만 아니라 칸에게서 깊은 영향을 받게 되면서 내향적 공간 구축 방법과 빛을 다루는 페이만의 수법들을 만들어냈다.

넷째, 그의 첫 직장은 설계사무소가 아닌 부동산 개발회사인 Webb & Knapp이었다. 이곳에서 그는 사주 윌리엄 젝켄도르프William Zeckendorf와 함께 10여 년간 협업했다. 페이는 젝켄도르프의 자가용 비행기를 함께 타고 미국 전역을 다니며 대지를 보고 개발 사업을 논의·구상했고, 이러한 과정은 그가 자연스럽게 부지의 잠재력과 개발 가능성을 발견하는 능력의 원천이 되었다. 이런 경험은 통상의 건축가에게는 드문 일인데, 페이는 이를 통해 사업 감각과 함께 향후 여러 국가·도시의 주요 프로젝트를 남다르게 성공시킬 수 있는 안목을 가지게 된 것이다. 젝켄도르프는 다음과 같이 회고한 바 있다.

"나와 페이의 만남은 이탈리아의 메디치와 미켈란젤로의 만남과 같다."

어찌 보면 페이의 인생에 신의 한 수 같은 일이었다고 볼 수 있다.

이오 밍 페이 건축의 특징

이오 밍 페이는 전 세계에 굵직굵직한 걸작을 남겼지만 거의 대부분이 대통령이나 박물관장 같은 건축주들에게 직접 일을 받은 것이다. 이는 공공 프로젝트의 경우 건축계에서 매우 드문 일이다. 하지만 탁월한 디자인, 인간을 고양시키는 건축의 뛰어난 퀄리티와 완성도, 건축주와의 탁월한 친화력, 협업 능력, 건축 설계에 대한 헌신 등은 그를 이런 예외적인 성공으로 이끌었다. 정통파 모더니즘 거장인 페이의 건축 특징을 필자는 다음의 네 가지로 정리해보았다.

1. 모더니즘의 추구

모더니즘의 거장 발터 그로피우스가 원장이던 하버드대학교 건축대학원에서 공부한 페이의 히스토리는 그의 건축 밑바탕이 '모더니즘'인 것을 짐작케 한다. 20세기 건축의 패러다임은 모더니즘이었다. 역사주의에서 탈피하고 기능이 우선시되는 건축·장식의 배제와 표현의 진실성 추구, 형태의 순수성과 새로운 공간 개념은 20세기와 함께 어우러지며 한 세기를 풍미했다. 모더니즘 건축의 한 장을 페이가 차지하고 있다고 해도 과언이 아닐 것이다.

그러나 20세기 후반에 들어서면서 모더니즘은 상당한 비판을 받게 되었고, 다원화된 세상에 다양한 작품들이 나오게 되었다. 그러나 페이는 복잡해지고 다소 신경증적인 건축계의 상황에서 모더니즘은 실패하거나 사라져야 될 것이 아니라 보완하거나 수정하여 계속되어야 할 주제로 인식했다. 그는 모더니즘 건축이 가지고 있는 특징인 기하학적 절제가 지배하는 명쾌한 평면 계획, 명석함을 느낄 정도로 넘쳐흐르는 밝고 그늘이 없는 공간, 새로운 시대의 도래를 예감하는 신선함 등은 지역성·장소성·인간성 등이 보완되면 아직도 유효하며, 오히려 시간을 넘어 계속 유지될 것이라고 확신하고 있는 듯 보인다.

"모더니즘은 여전히 나에게 의미가 있다. 나는 내 건축 형식을 따른다. 그러나 흉내 내거나 베끼는 것이 아니라 더 발전시키려고 노력한다. 직관에 비추어보면 이러한 건축 형식은 여전히 우리 시대에 맞는다고 생각한다."

2. 단순함의 추구

전술한 바와 같이 졸업 후 페이는 발터 그로피우스가 아니라 미스 반 데어 로에의 건축에서 깊은 자극을 받는다. 미스의 순수 조형주의는 그대로 페이의 어휘가 된다. 그러나 페이는 보다 더 열려 있는 건축가였다. 즉 순수 기하학의 세계는 동일하지만 사각형·삼각형·원형 등을 건축의 기능과 프로그램, 구조에 따라 자유자재로 적용했다. 그리고 때에 따라서는 그것들을 결합했다. 어쩌면 페이는 미스의 스타일보다는 미스의 영원한 주제인 'Less is more'에서 더 영향을 받았다고 볼 수 있다.

"한 번으로 될 텐데 왜 두 번 붓질하는가? 매우 복잡한 요건들의 정수를 뽑아내야 한다."

페이는 건축의 기능과 형태와 구조와 기술을 통합하지만, 그 모든 것은 단순함이라는 대명제 아래에서만 적용했다. 그의 강박적인 단순함의 추구는 제약이나 한계가 아니었다. 오히려 시적인 조화미까지도 이루어냈다. 예술의 위대함은 언제나 단순함이라는 제약을 밑거름으로 하고 있다는 것을 그는 알았던 것이다.

"이처럼 설계하는 과정은 매우 복잡한 것부터 시작해서 더 단순해지고 가장 단순해진다. 단순함의 디자인을 찾은 다음에야 건물을 완성하기 위해 각 분야별로 세분화하는 과정에서 다시 복잡해진다."

3. 건축의 핵심으로서의 빛 추구

"마르셀 브로이어는 하버드 시절의 나의 가장 친한 친구이자 스승이었다. 그와 나는 그리스 여행을 두 차례 했다. 그는 빛 – 그림자를 만드는 빛 – 에 대한 관심이 아주 많았다. 그는 빛과 그림자에 대해 끊임없이 이야기했다. 그리스에 뭔가

특별한 것이 있다면 그것은 그곳의 특별한 빛이었다. 그가 빛을 바라보는 방식에 힘입어 나는 건축에서 빛의 중요성을 더욱더 인식하게 되었다."

"빛은 나의 작품에서 지속적으로 매우 중요한 역할을 했다. 내가 좋아하는 초기 입체파 조각은 빛이 없다면 감상이 불가능할 것이다. 실상 거의 모든 조각 작품이 빛이 없으면 감상이 불가능하다. 따라서 우리는 이런 생각을 건축에까지 연장시킬 수 있다. 내가 건물을 설계할 때 첫 번째 고려 대상은 빛이라고 할 수 있다."

페이의 이 같은 언급은 그가 설계하는 데 있어 얼마나 빛을 강조하는지 알 수 있다. 그의 건축에서 빛은 가장 중요한 핵심이다. 페이의 작품은 단순하고 기하학적이며 때로는 기계적인 외관 이미지와는 달리 내부는 매우 풍요롭고 풍부한 공간감을 주는 큰 공간을 통해 방문객들에게 반전의 미학을 느끼게 해준다. 이 공간을 채우는 부드러운 빛은 페이 건축의 큰 매력이다.

이를 위해 그는 많은 스터디를 거쳐 알루미늄 루버가 창 안쪽에 설치되는 천창 디테일을 찾아낸다. 우리나라의 천창이 있는 많은 건물이 여름에는 매우 뜨거운 직사 일광으로 인해 온실 효과를 일으키는 반면, 페이는 적절히 빛을 산란시켜 쾌적하고 밝은 공간을 만들어내는 것으로 건축적 가치를 드높였다. 그가 설계한 거의 모든 건축에는 그의 트레이드마크 같은 빛 연출이 반영되어 방문객을 매료시킨다.

4. 전통미(동양미)의 현대화

거의 80년을 미국에서 살았으며 1948년 미국인으로 귀화한 이오 밍 페이는 일견 서구식 모더니즘 건축가로 보인다. 그러나 그의 중후기 작품에서는 동양의 향기가 배어난다는 것을 알 수 있다. 여기서 페이의 말을 들어보자.

"나에게서 중국이 완전히 사라진 적은 없다. 나는 인생의 대부분을 미국에서 살아왔지만 아직도 중국을 느낀다. 그게 이상하지 않은가? 나는 새로운 피부를 가지게 되었지만(귀화를 했지만), 그 안의 모든 것은 이미 전부터 있던 것들이다."

"자연과 인간의 조화, 그것은 내 핏속에 있다. 나는 그것을 중국에서 가져왔다. 바로 이런 이유 때문에 자연과 함께하는 것이 내가 조국을 잃은 상실감을 어느 정도 극복하는 데 도움이 되었다."

이오 밍 페이는 전통성을 단순하게 형태에 차용하는 것이 아니라고 강조한다. 그는 건축물을 단순히 독립된 오브제가 아니라 자연과 관계를 맺고 조화를 이루는 단계로 승화시키면서 전통 건축의 현대화를 이뤄낸다. 휴먼 스케일이 반영된 저층 건축은 건축의 집합적 가능성을 탐구하며, 전통 건축의 형상·재료·패턴을 세련되게 현대화하여 새로운 가능성을 제시한다. 이를 실증한 일본의 미호 뮤지엄, 중국의 수저우 뮤지엄, 카타르의 이슬람 아트 뮤지엄 등을 보면 서구 모더니즘에 통달한 거장이 다루는 지역성의 현대화라는 해법을 볼 수 있다.

"내가 이렇게 조화를 중요시하는 것은 내가 중국인이기 때문일지도 모른다. 그런 생각은 전체가 부분보다 더 중요한 것이라는 믿음에 의한 것이다."

이런 지식들을 가지고 전 세계에 있는 페이의 건축들을 향해 그랜드 투어를 떠나보자.

이오 밍 페이 첫 번째 작품
섬세하고 세련된 투명성의 피라미드

그랑 루브르 유리 피라미드
Louvre Pyramid

프랑스, 파리, 1989

그랑 루브르 유리 피라미드

프랑스, 파리, 1989

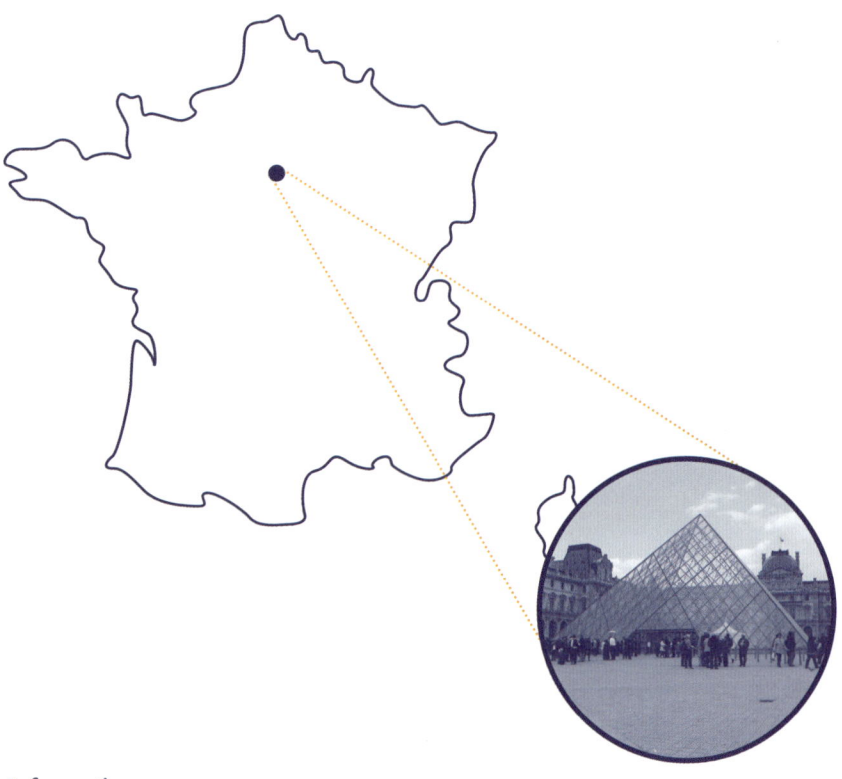

Information

Rue de Rivoli,
75001 Paris
(48.860854°N 2.335812°E)

TEL: +33.1.40.20.50.50
WEB: www.louvre.fr
정보: 현장 유료관람. 현재 사전 예약 필수.
COVID-19 백신 여부 확인해야 입장 가능.

루브르 박물관이 중앙 마당에 유리로 된 피라미드를 만들겠다고 발표했을 때 프랑스에서는 큰 논란이 벌어지고 반대 시위가 일어났다. 프랑스를 대표하는 문화 시설에 이집트를 상징하는 것 같은 형태의 건물이 들어선다는 것이 주요 반대 이유였다.

  지금은 프랑스를 대표하지만 에펠탑과 퐁피두 센터도 건설 전에 격렬하게 반대했던 프랑스 국민들의 위대한 변덕(?)은 이번 그랑 루브르에서도 반복되었다. 이집트 피라미드를 천박하게, 무성의하게, 나태하게 복제한 것이 아니라 고대의 것을 모델로 삼아 만들어진 이 유리 피라미드는 천재적 건축가의 재해석이라는 것이 판명되면서 전 세계 사람들의 사랑을 받게 된다. 이 반전 드라마의 중심에는 매사에 낙천적이고 끊임없이 인내하며 탁월한 건축 디자인 능력을 갖춘 페이와 그의 팀이 있었다.

  저변 35m, 높이 21m, 경사각 51.7°의 유리 피라미드는 ㄷ자로 형성되어 있는 기존의 박물관의 관계를 정확하게 연결해주는 구심점이다. 20mm 두께의 특수 투명 강화 유리는 높이 2.6m, 너비 1.6m의 다이아몬드형으로, 구조적으로도 심미적으로도 최적의 구성을 보여준다. 피라미드 내부에 무주 공간을 형성하기 위해, 또한 시각적 투명성을 최대한 추구하기 위해 유리 피라미드를 구축하는

루브르 박물관 피라미드의 내부 모습

강봉 구조 시스템 디자인과 이의 접합부 디테일 디자인은 페이의 건축 해결 능력의 끝을 보여준다. 무수한 대안 스터디를 통해 58mm의 강봉을 주 구조재로 채택하고, 보조적으로 횡력을 잡기 위해 와이어를 사용한 것이다.

  섬세하고 세련된 피라미드의 구조물은 이 거대한 유리를 하늘로 가볍게 들어올렸다. 내부에서 사람들은 하늘로부터 내려오는 은은한 빛을 즐기며 오래된 고대의 궁전을 바라보고 자신을 돌아본다. 코로나가 전 세계에 영향을 끼치기 전만 해도 매년 거의 1,000만 명이 루브르 박물관을 방문했다. 페이의 유리 피라미드가 이들을 즐겁게 맞이해주기에, 기다란 줄을 서서 기다리더라도 기꺼이 참을 수 있지 않을까?

루브르 박물관 피라미드의 내부 모습

페이는 다시 설계할 기회를 준다 할지라도 피라미드 형상으로 설계할 것이라고 고백한 적이 있다. 이는 이 형상이 과거 사례의 재현이 아니라 가장 적합한 건축 해답이었기 때문이다.

"왜 피라미드인가? (…) 형식적으로 피라미드가 루브르의 기존 건축물들, 특히 루브르의 지붕 평면도와 가장 잘 어울린다. 그것은 유리와 강철로 지었기 때문에 과거의 건축 전통과의 단절을 의미한다. 그것은 우리 시대의 작품이다. 이 피라미드는 중심이 없는 서로 연결된 복잡한 건물군으로 들어가는 상징적 입구의 기능을 수행한다."

"유리는 루브르와 하늘을 반사한다. 나는 비록 이 건물이 미국인에 의해 설계되었지만, 피라미드와 분수에 생명을 주는 것은 위대한 프랑스 정신이라고 생각한다."

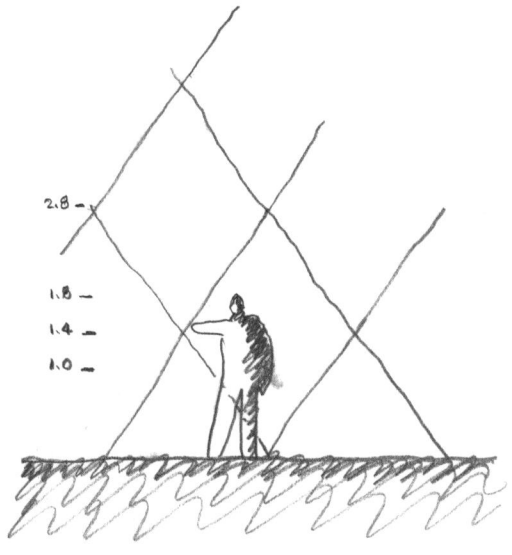

루브르 박물관 피라미드 유리 스케치

이오 밍 페이 두 번째 작품
모더니즘과 동양 건축미의 성공적 융합

미호 뮤지엄
MIHO MUSEUM

일본, 교토, 시가현, 1997

미호 뮤지엄

일본, 교토, 시가현, 1997

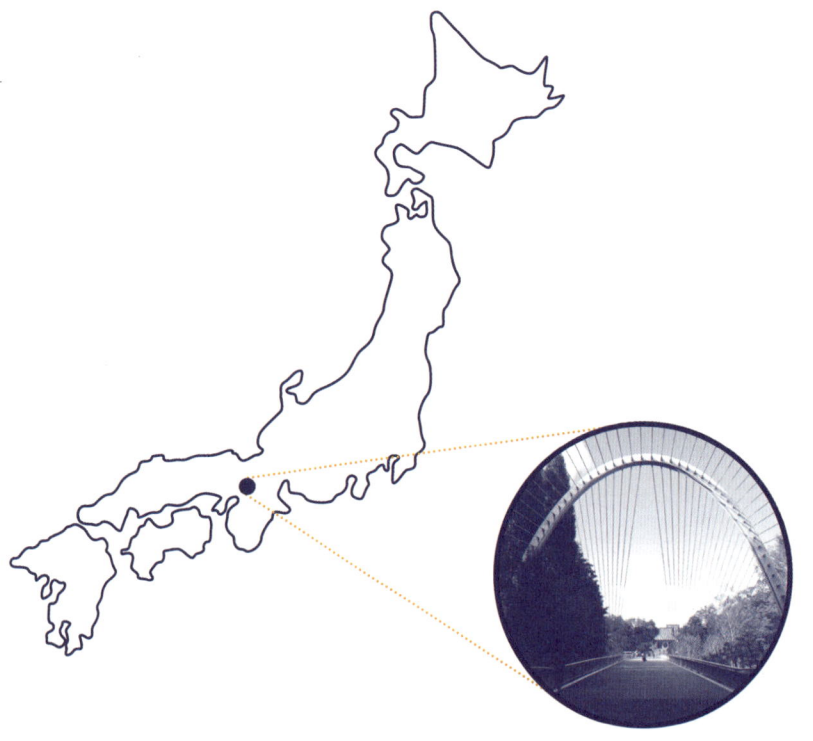

Information

300 Shigarakicho Tashiro, Koka,
529-1814 Shiga
(34°54′52.6″N 136°01′22.4″E)

TEL: +81.(0)748.82.3411
WEB: www.miho.jp
정보: 현장 유료관람. 동계 휴관 기간이 있으니 홈페이지를 통해 확인 후 관람 필수.

서구식 모더니즘 건축의 구현에 삶의 대부분을 매진해온 페이에게 인생의 후반기에 자신의 핏속에 흐르는 동양의 미학을 실현해볼 기회가 주어진다. 설립자인 고야마 미호코는 도연명의 『도화원기(桃花源記)』에 나오는 무릉도원을 현실화할 박물관 설계를 요청한다. 이에 페이는 세속과는 동떨어진, 고립되었지만 매우 아름다운 자연 풍광 속에 놓여 있는 대지를 선택했다.

  그는 박물관으로 향하는 진입 과정부터 동양의 산사를 연상시키는 과정적 공간으로의 영적 여행이 되도록 의도했다. 진입부의 리셉션 건물에서 티켓을 사면 굽이굽이 길을 걸어 긴 터널을 지나야 한다. 터널은 동굴을 지나 이상향으로 향하는 설화의 현대적 해석이다. 또한 건축 공간적으로는 알루미늄 패널로 마감함으로써 빛과 어두움의 쇼를 보여주는 미래 SF 영화의 한 장면의 구현이다. 터널을 지나면 우아하고 아름다운 강철 현수교가 방문객을 맞이한다. 오직 다리를 건너야만 다른 세계로 들어갈 수 있다는 것은 동서양의 신화가 증명한 서사이다.

  원형의 미술관 광장에서 바라보는 박물관의 정면은 낮고 소박하여 박물관 규모의 웅장함이나 위용을 드러내지 않는다. 산수화 같은 아름다운 자연을 보전하기 위해 건물의 대부분인 80%를 지하로 만든 까닭이다. 둥근 입구는 자연스럽게 아시아의 출입문을 연상시킨다. 주 진입 홀은 우아한 빛의 향연이다.

(위) 미호 뮤지엄의 진입부 리셉션 건물, (아래) 미호 뮤지엄의 긴 터널

정면에는 아름다운 풍광과 빛이 액자에 담긴 것처럼 펼쳐지고, 하늘에서는 페이 특유의 알루미늄 차양을 통해 은은한 빛이 포근하게 방문객을 맞이한다.

좌우의 윙으로 펼쳐진 박물관은 지하에 위치하지만, 경사지를 활용했기 때문에 전면의 통창과 지붕의 천창으로 인해 마치 내부가 아니라 외부에 있는 것 같은 느낌을 준다. 바닥과 벽에 넓게 펼쳐져 있는 브라운 톤의 석회석도 빛을 흡수하고 부드럽게 반사하여 내부에 자연을 유입한다. 철골 구조와 알루미늄과 통유리와 대리석들은 이 건물이 자연을 존중하지만 매우 현대적인 건축이라는 것을 묵묵히 이야기한다. 말하기는 쉽지만 구현은 어려운 '자연과 건축과 예술 작품의 조화', '전통과 현대의 조화', '동양과 서양의 조화'라는 난제를 멋지게 해결한 페이의 걸작이라 아니할 수 없다.

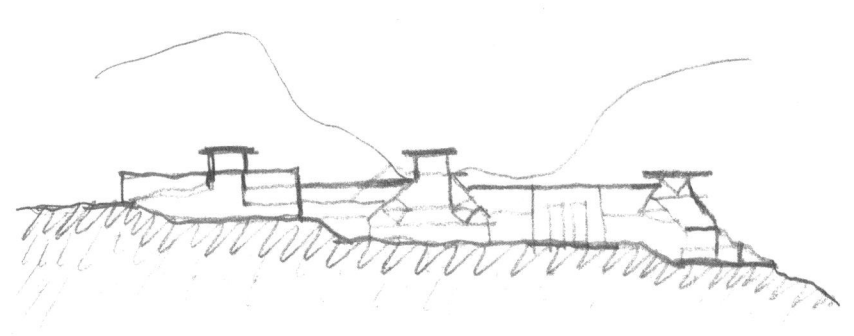

미호 뮤지엄의 구성 단면 스케치

페이는 이론적인 건축가는 아니다. 모더니즘의 전위적 역할을 한 건축가는 더더욱 아니다. 하지만 그는 중국계 미국인으로서 동서양의 조화라는 쉽게 이루어낼 수 없는 과제를 자신의 정체성으로 구현한 건축가다. 작품의 퀄리티를 극도로 높게 유지하기 위해 그는 항상 어려운 일에 도전할 수밖에 없었다. 1983년 동양계 최초로 프리츠커상을 수상하면서 그는 레오나르도 다빈치의 금언을 언급한다.

"진정한 힘은 제약으로부터 나온다. 그리고 편안한 자유에서 죽는다."

이오 밍 페이의 삶과 건축을 돌아볼 때 그는 이 시대를 살아가는 사람들에게 건축의 가치를 어떻게 제공할 수 있는지를 자신이 설계한 공간들을 통해 보여줬다. 어렵고 힘든 이 시기야말로 그의 건축이 전하는 이야기를 들어야 할 때인 것이다.

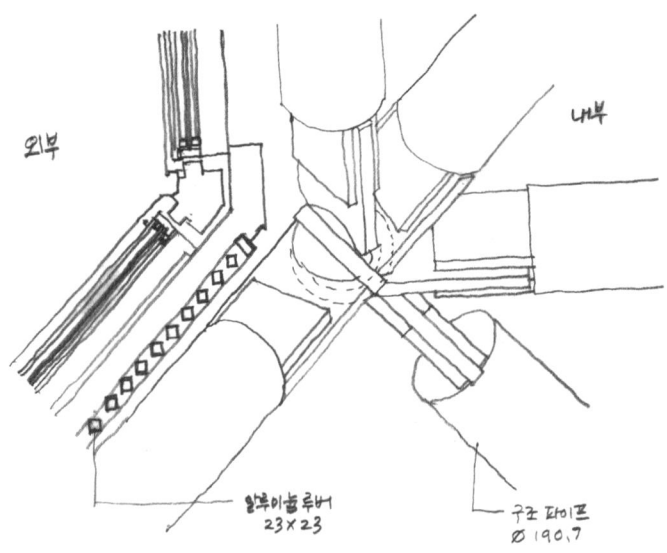

미호 뮤지엄 구조 및 창호 디테일 스케치

(위) 미호 뮤지엄의 외관, (아래) 미호 뮤지엄의 내부홀

자연과 하나가 되는 미호 뮤지엄의 내부

헤리트 리트벨트   1888 – 1964

Gerrit Rietveld

헤리트 토마스 리트벨트Gerrit Thomas Rietveld는 네덜란드 유트리히트 출신의 건축가다. 1919년 '데 스틸De Stijl' 그룹 활동과 작업들로 주목받았으며, 건축가이자 동시에 가구 디자이너로 유명하다. 그의 모국 네덜란드에서는 암스테르담에 있는 디자인 아케데미를 그의 이름을 따 헤리트 리트벨트 아카데미The Gerrit Rietveld Acadmie로 개명하여 그의 업적을 기리고 있다.

가구장인에서
새로운 시대를 열어간 건축가로

　요즈음 건축계를 이끌어가는 나라는 어디일까? 많은 분야에서 세계 제1의 강대국인 미국일까, 아니면 미국과 함께 건축계의 노벨상인 프리츠커상 최다 수상국인 일본일까? 수많은 기라성 같은 스타 건축가를 배출한 AA스쿨이 있는 영국일까, 아니면 14억 인구의 힘으로 급격히 성장한 중국일까?

　수많은 대답이 있을 수 있겠지만 필자는 현대 건축계를 이끌고 가는 나라로 네덜란드를 꼽고 싶다. 현대건축의 대부 렘 콜하스를 비롯하여, 전 세계 건축 네트워크를 묶는 유엔 스튜디오, 꿈을 현실로 이루어내는 MVRDV, 건축과 조경의 세계를 넘나드는 WEST 8 등 이루 거론할 수 없는 수많은 건축가가 있고, 전 세계 건축에 지대한 영향을 미치기 때문이다. 그런 네덜란드이기에 근현대 건축의 초기에도 많은 건축가를 배출하였다. 건축 역사에 큰 족적을 남긴 데 스틸 운동이나 네덜란드 기능주의 등을 되짚어 보는 것은 매우 의미 있다고 생각한다. 헨드릭 베를라헤Hendrik Petrus Berlage, 테오 판 두스뷔르흐Theo van Doesburg, 야코뷔스 아우트J.J.P.Oud, 로베르트 판트 호프Robert van't Hoff, J.A. 브린크만Johannes

Andreas Brinkman, 요하네스 듀이커Johannes Duiker, 윌리엄 듀독Willem Dudok 등 많은 건축가가 있지만, 건축계와 디자인계에 큰 영향을 미친 헤리트 리트벨트를 탐구해보기로 한다.

첫째, 리트벨트는 머리끝부터 발끝까지 가구장인의 피가 흘렀다. 그는 1888년 네덜란드 중부의 중심도시 위트레흐트에서 가구장인의 아들로 태어났다. 어려서부터 아버지의 아틀리에에서 나무와 가구들과 놀던 그는 11살 때부터 그곳에서 일하며 가구 제작을 배우게 된다. 당시 그의 아버지는 주문받은 모든 양식의 가구를 만들었는데, 그즈음에는 건축가 프랭크 로이드 라이트의 가구가 유행하고 있었다. 따라서 리트벨트는 자연스럽게 라이트 스타일의 가구를 분석하고 직접 만들면서 모던 디자인을 몸으로 체득하게 된다. 그는 그림만 그리고 실제로 만들어보지 않는 디자이너가 아니라 직접 모든 가구를 제작하는 장인이자 디자이너로 시작했고, 이는 리트벨트의 디자인과 건축을 이해하는 중요한 단초가 된다. 즉, 그에게 가구 제작과 디자인은 분리된 것이 아니었다. 둘은 하나였다.

둘째, 아버지의 아틀리에에서 가구 제작과 디자인의 일을 하며 야간학교에서 건축을 공부하게 된다. 20세기 혁신적인 가구 디자이너이자 유럽 모던 운동을 이끈 건축가인 리트벨트가 서서히 되어갔다. 1911년, 그의 나이 23세에는 아버지로부터 독립하여 따로 가구 공방을 열었다. 이 시기 그는 건축가 P.J. 클라르하머Piet Klaarhamer를 스승으로 삼고 건축을 배웠으며, 프랭크 로이드 라이트의 미국 사무소에서 근무했던 로베르트 판트 호프와 사귀면서 많은 영향을 받게 된다. 리트벨트 초기에 영향을 가장 많이 준 것이 위대한 거장 프랭크 로이드 라이트라는 사실은 흥미롭다. 후에 혁신의 아이콘으로 불리게 될 리트벨트의 젊은 시절에는 라이트가 영감의 원천이자 롤모델이었던 것이다.

셋째, 그는 1918년 30세 나이에 테오 판 두스뷔르흐, 아우트 등을 만나 교류했고, 이듬해 '데 스틸[1](네덜란드어: De Stijl, 영어: The Style)'의 멤버가 되었다. 20세기 초, 역동적이고 에너지 넘치던 네덜란드의 건축가, 예술가들은 역사에 큰 족적을 남기게 된다. 그중 가장 대표적인 것이 '데 스틸 운동'이다. 우리말로는 '신조형주의'라고 불리는 이 '데 스틸'은 말 그대로 도래하는 시대에 맞는 '새로운 스타일', '바로 그 스타일을 지향하는 문화, 예술, 건축 운동'을 말한다.

---

[1] 데 스틸은 1917년 네덜란드에서 창간한 잡지의 이름이기도 하다. 이 운동은 네덜란드의 화가와 디자이너, 작가, 비평가 테오 판 두스뷔르흐(Theo van Doesburg, 1883-1931)가 주도했으며, 20세기 초, 새로운 미술운동의 영향력 있는 조류 중 하나이다. 테오 판 두스뷔르흐 다음으로 이 모임의 주요 멤버는 화가인 피트 몬드리안(Piet Mondrian, 1872-1944), 빌모스 후사르(Vilmos Huszàr, 1884-1960), 바르트 판 데르 레크(Bart van der Leck 1883-1931) 등과 건축가인 헤리트 리트펠트(Gerrit Rietveld, 1888-1964), 로베르트 판트 호프(Robert van't Hoff, 1887-1979), 야코뷔스 아우트 (J.J.P. Oud, 1890-1963) 등이 있다. 신조형주의자들은 영적인 조화와 질서가 담긴 새로운 유토피아적 이상을 표현할 길을 찾았다. 그들은 형태와 색상의 본질적 요소로 단순화되는 순수한 추상성과 보편성을 지지했는데, 수직과 수평으로 시각적인 구성을 단순화하였고, 검정과 흰색과 삼원색(빨강, 파랑, 노랑)만을 사용했다. 화가인 몬드리안이 발표한 '신 조형주의 원칙'은 이 운동의 지향성을 이해할 수 있고, 오늘날 우리에게도 시사하는 바가 크다.

① 조형 수단은 삼원색, 무채색에 의한 평면 또는 사각형이어야 한다. 건축에 있어서 공간이 무채색에 해당되고 재질은 색채로 간주된다.
② 조형수단의 등가성이 필요하다. 크기와 색채는 차이가 있음에도 불구하고 같은 가치를 가진다. 균형은 일반적으로 무채색의 큰 평면과 색채 또는 재질의 작은 평면 사이에서 이루어진다.
③ 구성에 있어서 조형수단 가운데 대립적 요소의 이원성이 요구된다.
④ 영속적인 균형은 대립에 의하여 달성되고 풍요한 대립을 표시한다. 즉, 직각위에 교차하는 직선(조형수단의 제한)에 의해 표현된다.
⑤ 조형수단을 중성화하고 없어지는 균형은 조형수단을 차지하고 있는 균형에 의해 달성되고, 그것은 생생한 리듬을 창조한다.
⑥ 모든 대칭은 배제되어야 한다.

데 스틸의 뛰어난 멤버들은 상대적으로 나중에 참여한 리트벨트에게 이론적으로 사유할 수 있도록 도움을 주었고, 다양한 영감을 제공했다. 이런 만남은 지역의 한 건축가이자, 가구 디자이너였던 리트벨트를 세계적인 거장 반열에 올리게 되는 큰 계기가 됐다.

넷째, 1928년 40세의 나이에 그는 CIAM(근대건축국제회의)의 창립회원이 된다. 거장 르 코르뷔지에와 건축역사학자 지그프리트 기디온Sigfried Giedion의 주도로 창립된 이 모임은 20년간 유지되면서 근대 건축의 영향을 전 세계에 떨쳤다. 그는 이 모임에 네덜란드 대표 건축가로 참여하게 됐다.

CIAM의 위대한 멤버들과의 교류는 리트벨트의 건축과 디자인에 더 깊고, 더 넓은 영향을 미쳤다고 할 수 있다. 데 스틸의 혁신적 스타일리스트에서 모던 건축의 주류로 이행된 것이다. 그가 다루는 주제가 새로운 조형성의 미감뿐만 아니라 모던 건축의 기능성과 라이프스타일의 창조까지로 확대된 것이다.

"기능적 건축이란 생활의 필요에 응할 뿐 아니라, 생활의 조건, 그것 자체를 만들어 내야한다. 그저 단순히 공간을 형성할 뿐 아니라, 강렬히 체험되어야 한다 (…) 이러한 비전을 갖고 있어야만 우리는 새로운 구조법과 새로운 재료가 지닌 가능성을 활용할 수 있을 것이다. 그런 구조법과 재료들은 새로운 공간을 명확히 규정하는 데에 도움을 준다."

새로운 시대인 21세기에 맞는 구조법과 재료와 공간은 무엇일까? 그것을 찾는 것은 우리들의 몫일 것이다.

헤리트 리트벨트 건축의 특징

리트벨트는 그 중요도에 비해 사실 우리에게 덜 알려진 건축가다. 서양과 일본에서는 많은 리트벨트의 책이 출간되고 있고 여러 전시회도 열리지만, 국내에서는 가구 디자이너 정도로만 알고 있는 사람들도 많다. 이런 리트벨트의 건축 특징을 필자는 다음의 네 가지로 정리해 보았다.

<u>1. 사상(이데올로기) 표현으로서의 예술 VS 개인의 표현으로서의 예술</u>
그는 1964년, 네덜란드 최고의 건축대학인 TU 델프트대학교에서 명예박사학위를 받으면서 청중들에게 이렇게 이야기했다.
"나를 건축가로 이끌어왔던 것은 종교가 아닙니다. 이상주의나 관념이 나를 이끈 것도 아닙니다. 그것은 스스로의 존재성을 구현하고자 하는 순수한 나의 자아입니다."
이 말은 리트벨트를 이해하는 주요한 언급이다. 어떤 예술가나 건축가들은 그들의 사상이나 종교, 이데올로기 등을 표현하는 수단으로서 예술이나 건축을 생산해내는 사람들이 있다. 특히 리트벨트가 활약하던 당시에는 그런 운동들이 많이 있었다. 전술한 대로 본인이 소속되어 있던 데 스틸 운동이 그러했다. 따라서 리트벨트도 그러할 것이라고 오해하는 경우도 많이 있었다. 그러나 자신이 밝힌 대로 리트벨트는 매우 건강한 의미에서 순수하게 개인의 특성을 표현하고자 했고, 그것을 표현한 사람이었다. 다만 리트벨트는 매우 열린 사고를 가진 건축가였다. 스스로의 인생을 돌아보며 리트벨트는 가치 있는 타인의 사고와 사상을 받아들이고 그것을 소화해서 자신의 것으로 만드는 능력이 탁월했다. 그러하기에 데 스틸 운동에 참여한 어떤 디자이너보다 데 스틸의 사상을 제대로 작품으로 구현해내는 디자이너가 됐다. 시간적(역사)으로나 공간적(지리)으로 위대한 예술을 완성하는 것은 개성으로 똘똘 뭉친 천재들의 반란인 경우가 많았다. 리트벨트도 그러하다.

2. 사고하는 사람 VS 만드는 사람(생각하는 손)

가구장인의 아들로 태어나 어려서부터 공방에서 도제수업을 받고 가구를 만들어왔던 리트벨트는 현장이 자신의 분신이자 실습의 장이자 실험실이었다. 루이스 칸이 타고난 사상가이자 사고하는 사람으로 사고형 건축가의 대표주자라면, 현장의 화신은 리트벨트라 일컬을만하다. 루이스 칸이 먼저 사고하고 사유함으로 창조의 길을 열어갔다면 리트벨트는 현장에서 만들어보고 수정하고 실험하면서 새로운 길을 찾았다. 칸이 벽돌에게 무엇이 되고 싶은지 묻고, 사유할 때, 리트벨트는 손으로 벽돌을 쌓으며 새로운 가능성을 찾아간 것이었다. 그는 스스로 이론을 주창하지도 않았고 이론적인 글도 작성하지 않았다. 논리적인 사고 보다 만드는 자로서의 직감과 창의적인 도전정신이 오늘날 그를 만들었다. 나무, 성형합판, 철제, 알루미늄, 플라스틱, 콘크리트 등 다양한 재료를 통해 그 재료가 가지고 있는 특성과 가치를 간파하여 관습적이지 않게 만드는 그의 손은 마법의 손이었을 것이다. 흔히 손이 빠른 사람들은 생각하지 않는 경향이 있어 단지 장인으로 머무는 경우가 많다. 리트벨트는 달랐다. 먼저 만들었고, 사유하며 또 만들었다. 이것이 리트벨트를 다른 건축가이자 다른 가구 디자이너로 이끌었다.

3. 전체 VS 요소의 분리

 건축은 옛날부터 줄곧 바닥과 벽이 연결되고, 벽과 지붕이 연결되어 전체를 구성하며 안정성이 확보된 공간을 표현하는 말이었다. 로마시대의 건축가이자 이론가였던 비트루비우스 Marcus Vitruvius Pollio는 기능(유용성), 구조(견고함), 미(아름다움)를 건축 본질의 3대 요소라 말했다. 견고함은 건축에 있어 중요한 가치였다. 그러나 근현대가 되면서 기존의 사고방식은 새롭게 전환되기 시작했다. 구상적인 사실들보다는 추상적인 본질 추구가 이루어진 것이다. 자연의 나무가 단지 단순한 선으로 몬드리안의 그림처럼 표현되고, 건축은 부분과 요소로 단순화되고 분리됐다. 바닥과 벽이 분리되고, 벽과 지붕이 분리되어 각자의 요소로 존재했으며, 단순하게 표현됐다. 리트벨트의 전위성은 여기에 있다. 가구장인으로 출발한 리트벨트이기에 상대적으로 크고 복잡한 규모의 건축보다 가구로써 바라보며 더 쉽게 이 주제를 탐구할 수 있었다. 리트벨트는 어떤 디자이너보다 본질적 요소만으로 구성된 의자 연구에 심취했다. 불필요한 요소를 완전히 제거하고 의자라는 기능을 수행하는 디자인을 끊임없이 연구했다. 형태와 구조의 순수함을 찾아내려고 노력하고 이를 결국 만들어냈다.

 "가구 디자인은 각 부재들이 어떠한 변형을 받지 않고 조립될 수 있으며, 어느 한 부재가 다른 부재에 종속되거나 또한 군림하지 않도록 되어져야 한다."

 어쩌면 리트벨트가 가구장인이자 디자이너로 시작한 것은 건축계를 위해서 다행일지도 모른다. 가구를 만듦으로써 확신을 가진 그가 이 아이디어를 건축에 적용했기 때문이다.

리트벨트가 디자인한 가구의 모형들

4. 가구 디자이너 & 건축가

현대 건축가 중에는 가구장인·디자이너에서 시작해서 건축가가 된 사례들이 종종 있다. 대표적인 존재가 스위스의 피터 줌터Peter Zumthor이다. 줌터도 스위스 바젤 외곽의 시골에서 가구장인의 아들로 태어났다. 이들은 소재에 대한 감각이 뛰어나고 디테일이 섬세하며 작품의 완성도가 뛰어나다는 공통점이 있다.

필자가 생각건대 리트벨트가 가구 디자이너에서 – 야간학교를 다니면서까지 – 그토록 건축가가 되고 싶어 했던 것은 가구가 전혀 할 수 없는 영역인 '공간의 창조'에 있다고 생각한다. 이는 그가 건축에서 가장 강조한 것이 공간이기 때문이다.

"건축이 창조할 수 있는 실재는 '공간'입니다"

"건축의 중요한 기능적 장점은 지어진 매스라기 보다는 '빈 공간의 품질'에 달려있습니다."

"사람들이 건축에 대해 당연하게 요구하는 것들을 총체적으로 통합해보면, 기본적으로 '공간에서의 체험'일 것입니다. 이것과 다툴 수 있는 다른 목표는 없습니다. 건축이 사람들에게 줄 수 있는 기쁨이란 '공간'입니다."

이런 리트벨트의 언급은 그가 얼마나 건축에서 공간을 중요하게 여기는지 알 수 있다. 그렇다면 우리는 상상할 수 있다. 그가 왜 그토록 바닥과 벽과 지붕을 분리하는 것을 원했는지 말이다. 해체와 분리를 통해 공간에 빛을 끌어들이고, 외부와 조응하는 공간을 만들어, 공간으로 사람들에게 기쁨을 선사하기 위해서다. 리트벨트는 끝까지 가구 디자인과 건축을 동시에 병행했다. 아마도 자신이 만든 건축의 공간에 조화를 이룰 가구를 직접 만들어 배치하기 위한 것인지도 모른다.
　이런 지식을 가지고 리트벨트의 걸작 가구와 건축들을 향해 그랜드 투어를 떠나보자.

헤리트 리트벨트 첫 번째 작품

변화와 혁신을 불러온 의자

레드 블루 체어
Red Blue Chair. 1918

(위) 변화와 혁신을 불러온 의자, 레드 블루 체어, (아래) 레드 블루 체어 스케치

데 스틸의 미학이론이 가장 명확하게 표현되는 것으로 널리 알려진 이 의자는 사실 리트벨트가 데 스틸에 가담하기 전인 1918년에 만들어졌다. 기존의 전통적으로 부피가 큰 암체어를 기하학적 입체로 전환한 첫 번째 실험작 중 하나로 초기에는 레드 블루 체어라는 이름도 없었고 채색되지도 않았다.

"의자라는 오브제는 그것이 지니고 있는 명쾌한 조형적 표현상의 조직을 확실히 정립해야 한다."

이 개념에 따라 리트벨트는 일반적인 접합법을 사용하지 않았다. 나무로 만든 못으로 구성 부재를 연결하고, 면과 면, 선과 선을 교차시키지 않으며 명확하게 분절하여 의자를 구성하는 방법을 사용했다. 결과적으로 이 의자는 앉아서 등을 기대는 합판과 그것을 지지하는 구조만 가진다. 의자의 가장 본질적인 요소 두 가지로만 구성된 것이다. 이 구성은 전통적인 의자에서는 의식할 수 없었던 각 부재와 의자 요소마다의 존재감이 드러나 독립적으로 인식되도록 만들었다. 뿐만 아니라 중력에 의한 역학관계마저 소거됐다. 선과 면이 강조된 단순하고 순수한 형태, 명쾌한 구조를 추구한 데 스틸 조형운동에 가장 적합한 작품이었던 것이다. 데 스틸의 영향으로 빨간색 등받이와 파란색 받침, 노란색 마구리 등에 채색이 이루어지면서 이 의자는 데 스틸을 넘어 시대의 아이콘이 되었다.

또 다른 리트벨트의 실험작, 베를린 체어

어쩌면 이 의자는 편안한 의자, 기능적인 의자라기보다 20세기 초 태동하기 시작한 "모더니즘의 이상을 눈에 보이고 손으로 만질 수 있는 물질의 형태로 옮겨놓은 것"이라는 역사학자들의 표현이 더 적절할지도 모른다. 지금 이 시대에도 참신하고 아름다운 디자인의 레드 블루체어는 의자를 전혀 다른 방향에서 접근하도록 만드는 새로운 관점을 제시한다. 때로 본질로 돌아가는 것이 더 혁명적이고 혁신적일 수도 있다는 것을 말이다.

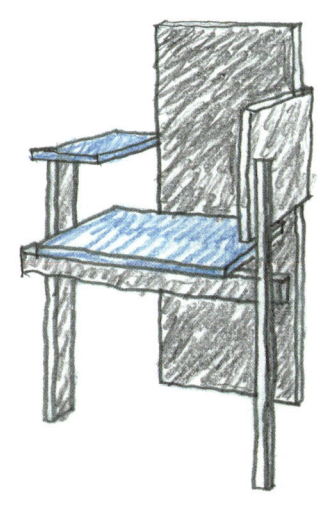

베를린 체어 스케치

헤리트 리트벨트 두 번째 작품
데 스틸의 이상을 구현한 걸작 주택

슈뢰더 하우스
Schröder House

네덜란드, 위트레흐트, 1924

슈뢰더 하우스

네덜란드, 위트레흐트, 1924

Information

Prins Hendriklaan 50
3583 EP Utrecht
(52°5´7˝N 5°8´50˝E)

TEL: +31.30.236.2310
WEB: www.rietveldschroderhuis.nl/en
정보: 홈페이지를 통해 티켓 구매 후 방문 가능. 예약 필수.

레드 블루 체어가 가구로 선언한 데 스틸의 대표작이라면 그의 데 스틸의 전위적인 이론이 그대로 건축화된 것이 슈뢰더 하우스다. 건축주이자 거의 인테리어 디자이너 역할을 했던 슈뢰더 여사의 전폭적인 지지와 협업으로 리트벨트는 지금까지도 참신함을 유지하고 있는 시대를 뛰어넘는 걸작을 만들어낼 수 있었다.

레드 블루 체어를 설명했던 모든 문장에서 가구라는 단어를 건축으로 치환해서 적용해도 모두 가능할 정도로 건축가이자 가구 디자이너였던 리트벨트만이 가능한 놀라운 명품 주택을 완성했다.

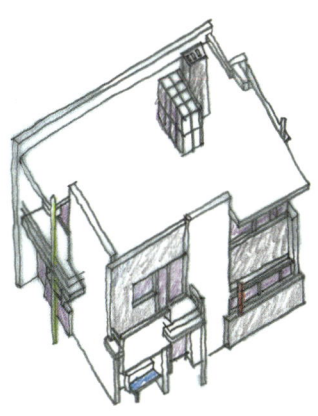

슈뢰더 하우스 스케치

즉, 리트벨트는 불필요한 요소를 모두 제거하고 건축이라는 것의 본질적인 요소인 지붕, 벽, 바닥, 창호들의 형태와 구조의 순수함을 찾아내려고 노력했다. 각 요소는 다른 요소에 종속되거나 또한 군림하지 않도록 지어졌다. 결과론적으로 관습적인 벽과 지붕으로 지어진 것이 아니라 수평과 수직으로 추상화된 직사각형의 면들로 만들어졌다. 이 면들은 흰색과 회색으로 채색되어 있고, 창호틀과 난간대, 철제 기둥 등은 검정, 빨강, 노랑 같은 원색이 채색되고 면에서 부유하며 존재감을 더한다. 분리된 면들 사이로 빛이, 경관이 유입되어 내부는 밝고 쾌적하다. 슈뢰더 부인과 세 자녀가 사용하는 2층은 가구에서 쓰는 슬라이딩 도어 개념이 차용되어 방이 4개로 분리됐다가 하나의 공간이 되는 가변성의 공간을 구현하고 있다. 아마도 리트벨트는 이곳을 생활을 담는 커다란 '가구'로 생각하고 디자인했을 것이다. 변하는 공간은 외부로 확장되고 거주자에게 기쁨을 선사한다. 슈뢰더 하우스는 몬드리안의 평면 회화가 리트벨트의 손을 통해 입체적으로 구성된 것 같은 마법을 보여준다.

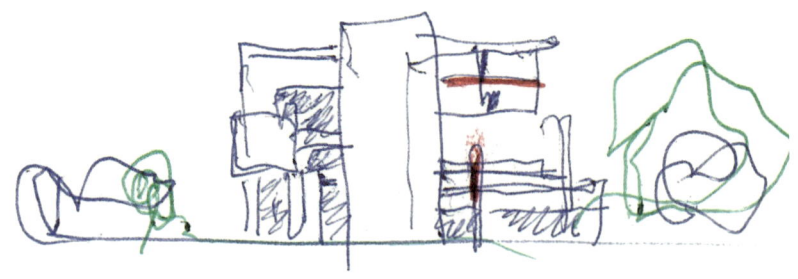

슈뢰더 하우스 스케치

집 내부에는 레드 블루 체어를 비롯한 리트벨트가 디자인한 가구들이 조화롭게 배치되어 있어, 이 집이 예술과 생활을 성공적으로 결합한 걸작임을 증명한다. 집이 완성된 후 리트벨트는 1층에 사무소를 열었고, 말년에는 이곳에 들어와 슈뢰더 부인과 삶을 마무리했다. 유네스코는 2000년, 이 집을 세계문화유산으로 등재하며 두 사람의 걸작을 치하했다.

그는 심오한 사색가도 아니었고, 글로 주창하거나 말로 떠드는 사람은 아니었다. 공방과 현장에서 재료와 씨름하며 땀을 흘린 사람이었다. 그러나 그는 손으로 생각할 수 있는 사람이었다. 그러므로 누구보다 창의적이고 전위적인 작품을 만들 수 있었다. 복잡하지 않고 직설적인 그의 말들은 단순하고 선명하다. 그의 디자인들처럼.

"새로운 스타일을 만들 때 작은 요소들이 더 많은 가능성을 줄 수 있습니다."

거대한 사상이나 거창한 이론보다, 아주 작은 것들의 가능성과 차이들의 잠재성을 일깨워준 리트벨트는 오늘날 우리에게도 영원한 영감을 주는 존재일 것이다.

(왼) 슈뢰더 부인, (오) 유네스코 문화유산에 등재된 슈뢰더 하우스

슈뢰더 하우스 2층 내부 모습

발크리쉬나 도쉬　　1927 −

인도 푸네 태생의 건축가인 발크리쉬나 비탈다스 도쉬Balkrishna Vithaldas Doshi는 국내에는 잘 알려지지 않았다가 2018 프리츠커상 수상을 통해 비로소 널리 알려지게 되었다. 위대한 두 거장 르 코르뷔지에와 루이스 칸에게 직접 배우고, 서구의 모더니즘과 인도 특유의 지역성을 잘 살린 그의 건축은 세계 건축계에 주목을 받고 있다. 그의 인도 건축에 대한 탐구는 클라스 헤르버그Klaus Herdeg의 저서인 『인도 건축의 구조형식Formal Structure In Indian Architecture』에 직접 쓴 서문을 통해서도 알 수 있다.

전통성과 모더니즘의 조화로운 동거

2018년 3월, 프리츠커상을 주관하는 하얏트 재단은 그해 수상자로 인도의 건축가 발크리쉬나 도쉬를 선정했다. 인도 건축가 최초의 수상이었다. 9명으로 구성된 프리츠커상 위원회는 선정 이유를 다음과 같이 발표했다.

"건축가 도쉬는 좋은 건축, 좋은 도시 계획은 단순히 용도와 구조물의 결합에 그치는 것이 아니라 기후, 입지 특성, 지역적 맥락에 대한 깊은 이해가 기술, 장인 정신 등과 어우러져야 한다는 사실을 보여주었다. (…) 도쉬가 설계한 100여 채의 건물은 시적이면서도 기능적이다. 인도의 역사, 문화, 전통 건축 양식과 아울러 변화하는 시대상이 담겨 있다. 결코 화려하거나 트렌드에 좌우되지 않으면서도 진중하다."

발크리쉬나 도쉬와 그의 건축은 우리나라에는 거의 알려져 있지 않다. 그런 그가 어떻게 인도 현대 건축의 거장이 되었는지 다음의 네 가지로 정리해보았다.

첫째, 도쉬는 1927년 인도 푸네의 힌두교 가정에서 태어났다. 그의 집안은 대대로 가구 공방을 운영하는 집안이었다. 어린 시절 도쉬는 나무 조각과 나무 도료 냄새에 둘러싸여 자랐다. 그는 특히 가구 장인이었던 할아버지의 훈육을 몸에 새기며 큰 영향을 받게 된다. 완벽에 대한 열정으로 가득 찼던 할아버지는 보잘 것 없는 나무 조각조차 훌륭한 작품이 된다는 것, 즉 사소한 것 속에서도 의미와 가치를 찾는 방법을 도쉬에게 가르쳐주었다. 즉 인도의 정신성과 전통 문화유산을 자연스럽게 손자에게 물려주었다. 그리고 힌두교의 철학과 정신은 그의 사상의 뿌리가 되었다.

둘째, 인도 뭄바이의 예술대학에서 건축을 공부한 도쉬는 유럽으로 건너가 거장 르 코르뷔지에의 아틀리에에서 일하면서(1951-1954) 많은 것을 배우게 된다. 이 기간 동안 르 코르뷔지에의 인도 프로젝트인 쇼단 하우스, 사라바이 하우스, 샌스카 켄드라 박물관, 방직자협회 설계 등에 팀원으로 참여하고, 인도 현장에서 직접 감리 및 감독을 수행하며 큰 영향을 받게 된다. 이 작품들은 르 코르뷔지에의 후기 걸작들로서 도쉬 건축의 한 뿌리가 된다. 실제로 그는 이렇게 고백한다.

"내가 설계한 모든 나의 빌딩은 르 코르뷔지에에게서 영향을 받은 것이다."

"르 코르뷔지에의 건축은 시간과 공간과 기능과 기술을 위한 건축이다. 이러한 요소들의 융합으로 새로운 특성이 나오게 된다. 가히 새로운 리듬의, 형태의, 빛의, 공간의, 볼륨의 발견이라 아니할 수 없다."

셋째, 인도로 돌아와 사무소를 개설한 도쉬는 하버드 비즈니스 스쿨을 모델로 한 아메다바드의 인도 경영대학 설계를 의뢰받았으나, 이를 거장 루이스 칸이 설계하도록 건의하여 루이스 칸과 협동 설계자로 일하면서 또 다른 운명의 스승인 루이스 칸을 만나게 된다. 근현대 건축 역사에서 가장 위대한 두 거장에게서 실무를 배우는 드문 행운을 갖게 된 것이다. 루이스 칸에 대해 그는 이렇게 언급한 바 있다.

"루이스 칸은 자신의 역량을 다해 스스로의 사고와 개념을 명확히 할 수 있는 사람임에도 불구하고 매우 겸손한 사람이었다. 그것이 그의 작품이 요란하지 않지만 매우 힘이 있는 비결이다."

"그와 여러 해를 일하면서 많은 것을 알게 되었다. 그는 항상 단순성을 추구했으며, 질서가 분명하기를, 일관되기를, 명확하기를, 과장되지 않기를 끊임없이 노력했다. 이러한 가치는 르 코르뷔지에에게는 없는 것이었다. 르 코르뷔지에는 사물들을 새롭게 결합하면서 일어나는 위기 상황을 오히려 즐기는 편이었다."

어떻게 보면 매우 다른 유형의 두 거장 건축가에게 깊은 영향을 받아 오늘날의 도쉬가 된 것이다.

넷째, 고국 인도로 돌아온 도쉬는 서구 모더니즘과는 다른 인도의 전통 건축과 문화에 대해 깊이 탐구하기 시작한다. 그것은 자신의 뿌리를 찾는 길이기도 했다. 자신이 사는 땅에 대한 이해, 기후에 대한 이해, 환경에 대한 이해, 문화에 대한 이해, 역사에 대한 이해는 더 건강한 삶과 더 조화로운 삶을 위한 건축에 대한 토대가 된다는 것을 깨닫는다.

사실 인도는 서구 못지않은 역사와 문명과 건축의 발상지이다. 전통 문화와 건축에 대한 많은 답사와 탐구는 도쉬가 서구의 여러 건축가와는 다른 정체성을 갖게 하는 데 큰 힘이 되었다. 자신의 작품에 무엇이 가장 큰 영감을 주느냐는 질문에 도쉬는 다음과 같이 대답했다.

"여러 가지가 있겠지만 답사를 많이 한 인도의 도시와 전통 건축을 꼽겠다. 베나레스와 인도 남부의 사원들, 아메다베드의 옛 지역 등이 있다. 특히 인도 북부의 무굴제국의 수도였던 파테프르 시크리에서 큰 영향을 받았다."

도쉬에게는 과거와 전통이 그냥 흘러간 역사가 아니라 새롭게 재해석해낸다면 오늘날에도 창조의 근원으로 작용할 수 있는 에너지원이 된 것이다.

발크리쉬나 도쉬 건축의 특징

도쉬는 한 인터뷰에서 이렇게 이야기했다.

"인도의 건축 대학에서는 학생들이 그들 고유의 전통과 문화유산에 대해 생각하지 않는다. 인도 건축의 정체성은 그렇게 위기를 맞게 되는 것이다."

"교육이 이 모든 잘못들의 근원이다. 우리는 학생들에게 사물의 가치에 대해 생각하도록 가르치지 않는다. 결국 우리가, 우리 교육이 잘못한 것이다."

어쩌면 우리나라도 도쉬의 언급과 크게 다르지 않다. 현대성과 전통의 조화라는 가치는 김수근·김중업 이후로는 거의 보이지 않고 있고, 대학에서도 거의 대부분 서양 건축을 교육하지 전통과 지역성을 가르치지 않고 있기 때문이다. 그런 의미에서 프리츠커상을 받은 도쉬의 건축의 특징은 우리에게 교훈이 될 수 있을 것이다. 필자는 도쉬 건축의 특징을 다음의 세 가지로 정리해보았다.

1. 환경과 건축의 조화

현대 건축물들은 환경과 유리된 자신만의 시스템을 가진 독자적 건축물이다. 냉난방 장치와 조명 시스템은 낮밤과 관계없이, 계절의 변화와 상관없이 건물이 작동되도록 건축되고 있다. 오늘날 에너지 위기와 기후 온난화와 환경 오염 등의 문제점들은 기존의 건축 생태계를 근본적으로 재고하도록 요청하고 있다. 동서를 막론하고 전통 건축들은 지역의 기후와 환경에 적응하고 조화롭게 지어졌다. 국토의 대부분이 열대에 속하는 인도에서는 더위에 대한 해결이 가장 큰 주제였다. (필자가 방문한 1월 초의 북인도에서는 한낮조차 반팔을 입고 다녀도 매우 더웠던 기억이 있다.) 이런 점에서 도쉬의 기록은 주목할 만하다.

"무엇이 인도인의 삶, 건축, 철학, 교육…일까?

인도 건축이 다른 나라의 건축들과 질적으로 다른 특징은 무엇일까?

'그늘 Shade' – 마당, 발코니, 스케일, 비례, 스카이라인의 사용, 차양, 아케이드….

우리 인도의 건축은 모두 '그늘'을 표현한다."

그렇다. 더운 인도의 기후를 해결하는 건축적 장치는 그늘을 만드는 것이었다. 인도의 전통 건축에 있었던 모든 요소는 어떻게 하면 인간의 삶에 그늘을 만드는가로 귀결된다. 도쉬는 깊이 있는 탐구를 통해 그의 건축에도 그늘을 만들어낸다. 심지어 유리창을 없애고 자연과 하나가 되도록 건물을 설계하기도 한다. 기계 장치로 둘러싸인 유리 상자 같은 건축이 가질 수 없는 건강함과 풍토성이 그의 건축에 있다.

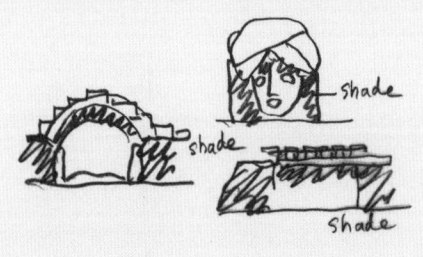 

인도 전통성(그늘 Shade) 스터디 스케치

발크리쉬나 도쉬 Balkrishna Doshi

2. 인간의 삶과 건축의 조화

도쉬는 건축이 삶의 배경Architecture is backdrop to life이라고 정의 내린다. 건축은 삶을 축하하는 것Celebrating life이어야 한다고 선언한다. 현대의 기능적 건축이 잃어버리거나 잊어버린 가치를 회복시키고자 한다. 그는 이야기한다.

"인도인의 역사와 문화를 보면 우리는 축하하는 삶으로 가득 차 있다. 명절을 축하하고 춤추고 노래하고 먹고 길거리 위와 나무 아래와 성전 안에서 모이고 기뻐한다. 물론 현대에 이런 일은 점점 줄어들고 있다. 도시는 상업 거래의 장으로 바뀌었고 쇼핑몰은 공공 공간을 대체하고 거리는 도로가 되었고 차와 콘크리트가 모든 곳을 차지하고 있다. 이제는 결혼식장과 연회장과 회의장이 있을 뿐이다. 전통적인 마당, 발코니, 테라스, 베란다 등 삶이 이루어지는 장소는 사라지고 있다. 내가 건축이 삶을 축하하는 것이라고 이야기할 때는 우리 사회가 잊어버린 이런 장소를 말하는 것이다."

도쉬는 현대 건축에 마당과 회랑과 발코니와 테라스와 베란다 등 사람이 서로 만나고 교류하며 축하할 수 있는 공간과 장소를 회복시킨다. 건축은 인간의 삶을 축하하는 것으로 만들 수 있는 중요한 도구이기 때문이다.

3. 르 코르뷔지에와 루이스 칸, 그리고 도쉬 건축의 조화

도쉬는 그 스스로가 자신의 건축적 스승으로서 르 코르뷔지에와 루이스 칸을 인정한다. 두 거장 모두에게서 실무를 통해 도제식으로 직접 배우고 영향을 받은 것은 세계 건축계에서도 매우 드문 일이다. 특히 1960년대 초기의 작품은 르 코르뷔지에에게서, 그리고 루이스 칸과 인도 경영대학을 공동으로 설계하면서 배웠던 1970년대에는 루이스 칸의 영향이 컸다. – 인도의 현대 건축가들은 자신의 땅에 지어진 두 거장의 작품들을 통해 직접 모더니즘의 마스터클래스를 사사하는 축복을 누렸다. 거장들의 강력한 건축의 원형을 기반으로 창조적 변형을 해나가면서 세계 건축계에 인도 현대 건축의 독특한 지형을 만들어냈다. – 도쉬가 자신만의 색깔을 내기 시작한 것은 자신의 설계사무소인 상가스 스튜디오를 설계한 1980년대 후반부터라고 할 수 있다. 큰 나무 밑에서는 작은 나무가 살 수 없다는 말이 있듯이 거장 밑에서는 거장이 나오기가 힘들 수 있다. 그러나 도쉬는 인도의 전통성과 지역성으로써 거장의 영향력을 이겨내고 자신만의 스타일을 찾아냈다. 많은 사람들이 이런 특별한 경험을 한 도쉬에게 두 거장의 차이점에 대해 물었을 때 도쉬는 르 코르뷔지에를 '건축의 곡예사Acrobat'로, 루이스 칸을 '건축의 도를 닦는 자Yogi'로 정의 내린다. 필자가 보기에 자신의 건축 스타일을 찾은 도쉬는 아마도 '건축의 곡예사'와 '건축의 요기'를 합친 건축가라 볼 수 있을 것이다.

이런 지식들을 가지고 인도에 있는 도쉬의 건축들을 향해 그랜드 투어를 떠나보자.

발크리쉬나 도쉬 첫 번째 작품
도쉬 자신의 사무소이자 도쉬 건축의 완성작

상가스 디자인 스튜디오
Sangath Architect's Studio

인도, 아메다바드, 1981

상가스 디자인 스튜디오

인도, 아메다바드, 1981

Information

Sangath, Thaltej Road, Opposite T V Tower, Thaltej Rd, Ahmedabad, 380054 Gujarat
(23.04834°N 72.52708°E)

TEL: +91.79.2745.4537
WEB: www.sangath.org
정보: 홈페이지를 통해 방문 문의 가능.

아메다바드의 도시와 전원이 만나는 경계의 구릉지에 있는 상가스 디자인 스튜디오Sangath Architect's Studio는 도쉬의 이상과 건축관이 잘 구축된 작품이다. 현대와 전통의 만남, 모더니즘과 지역적 건축의 조화, 기후와 환경에 대한 깊은 이해, 인도 사원 도시에서 볼 수 있는 미로 같은 평면과 불교 석굴의 볼트 지붕 형태의 조화 등이 어우러진 성공작이었다.

상가스Sangath란 함께 움직이고 참여한다는 의미를 지니고 있다. 기능적으로는 건축 스튜디오, 예술 전시 공간, 연구 공간이 공존하고, 도시와 전원이 하나 되고, 대지와 평행하는 볼트 지붕이 만나고, 건물을 휘감아돌면서 수로의 물과 건축이 함께하며, 건축과 마당이 하나가 된다. 완만한 계단을 따라 2층으로 진입하여 다시 반지하인 1층으로 내려오는 구조로 되어 있기에 내부 공간은 지역 특유의 더운 열기와 뜨거운 햇빛으로부터 보호를 받는다. 마치 태고의 은신처 같은 느낌도 받는다. 섬세하게 계획된 천창과 측창, 그리고 볼트 지붕의 반사광 등이 내부로 은은한 빛을 뿌려준다. 건축의 내부와 외부 공간은 자연스럽게 건축적 산책로를 형성해주고, 낮은 단으로 이루어진 외부 공간은 마을의 공공 장소 역할을 한다.

(위) 볼트 지붕이 인상적인 상가스 디자인 스튜디오, (아래) 상가스 디자인 스튜디오 단면 스케치

(위) 상가스 디자인 스튜디오 외관, (아래) 상가스 디자인 스튜디오 진입공간

상가스 디자인 스튜디오의 내부 공간

견고한 볼트를 만들기 위해 르 코르뷔지에와 칸에게서 배운 콘크리트 수법을 활용하여 현장 콘크리트 타설을 진행했고, 이 지역 장인이 직접 만든 백색 타일로 마감하여 지붕의 단열 효과를 주고 빛을 반사하며 주변 녹지와의 대비의 미를 조성한다.

인도의 전통성뿐만 아니라 르 코르뷔지에의 사라바이 하우스, 칸의 킴벨 미술관, 라이트의 탈리에신 웨스트 스튜디오, 가우디의 구엘 공원 등 서양 건축의 향기도 풍기지만 모든 것이 도쉬라는 지휘자의 지휘 아래 진행되었기에 조화롭고 아름답다. 상가스는 이 모든 것이 함께 이루어내는 건축의 찬가이다.

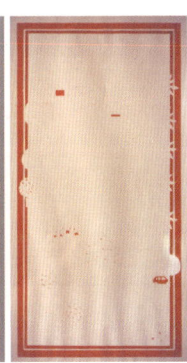

인도 전통화풍으로 그린 상가스 디자인 스튜디오 드로잉

내외부가 조응하는 상가스 디자인 스튜디오

상가스 디자인 스튜디오의 수로

발크리쉬나 도쉬 두 번째 작품
지역성과 모더니즘의 공존과 조화

간디 노동 연구소
Gandhi Labor Institute

인도, 아메다바드, 1984

간디 노동 연구소

인도, 아메다바드, 1984

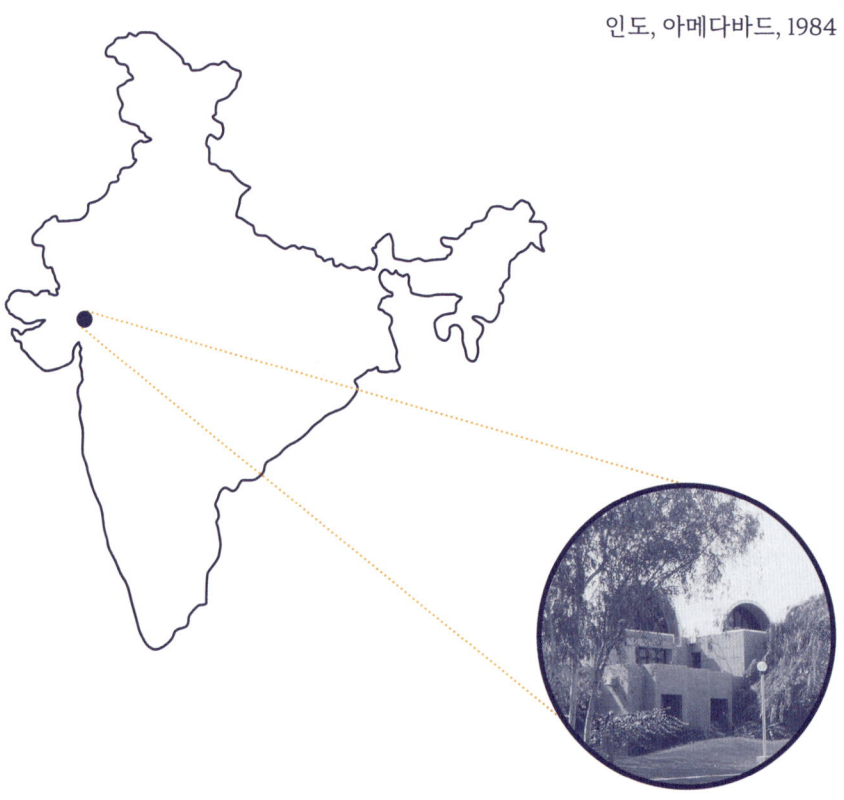

Information

Mahatma Gandhi Labour Institute, Drive In Rd, Near New Law Garden Manav Mandir, Sushil Nagar Society, Memnagar, Ahmedabad, 380054 Gujarat
(23.04536°N 72.53787°E)

TEL: +91.79.4001.3700
WEB: www.mgli.gujarat.gov.in
정보: 별도 예약시스템 없으나 이메일(infomgli@gmail.com)로 문의 가능.

272　발크리쉬나 도쉬　Balkrishna Doshi

아메다바드 외곽 지대에 있는 간디 노동 연구소Gandhi Labor Institute는 평평한 대지 위에 우뚝 솟은 볼트 지붕 형태가 매우 인상적인 작품이다. 직교와 사선의 배치를 통해 주요 공간인 연구소, 도서관, 전시 공간, 강당, 교육 공간, 사무소, 그리고 기숙사 등이 조화와 질서를 내포하며 집합되어 있다. 사람들이 홀로가 아니라 공동체임을 느낄 수 있는 마을과 비슷한 공간 구성이다.

또한 이곳에는 다양한 열린 외부 공간과 테라스, 여러 마당 공간, 외기로 접한 회랑이 있어 기후에 적절하게 대응하며 사람들과의 교류를 촉진시키고 사람들을 자연스럽게 하늘과 자연으로 확장시켜준다. 구체적으로 살펴보면 크게 3개의 중정이 건물과 어우러져 있다. 첫 번째 중정은 진입 마당으로서 이 건물을 방문하는 사람에게 여유를 주며, 건물이 사람들을 받아들이는 효과가 있다. 두 번째 중정은 교수진과 학생들, 그리고 연구원들 간의 교감 장소로 이용되는 곳으로서 4면이 건물로 둘러싸여 있어 닫혀 있지만 하늘로 열려 있어 빛과 그늘이 자연스럽게 생성된다. 세 번째로 대지 후면의 중정은 연구원들에게 자연과 정원으로 열린 휴게의 장과 더불어 계단식 야외 극장이 있어 건물을 배경으로

(위) 간디 노동 연구소 진입 공간, (아래) 간디 노동 연구소의 외부 계단식 극장

간디 노동 연구소 중정에서 바라본 외관 모습

매우 개방적이고 시원한 공간을 제공한다.

일견 상가스 디자인 스튜디오와 유사하게 인식되는 볼트 지붕은 상가스의 볼트보다 더 수직적 비례이며, 인도의 세계문화유산 아잔타 석굴의 26번째 굴인 차이티아 굴의 볼트 모습과 매우 흡사하다. 상가스처럼 백색 조각 타일을 사용하고 있으며, 내부 천장에는 노출 콘크리트와 시멘트 플라스터를 사용하고 있다. 빛이 볼트 내접 면을 타고 흐르는 내부 공간은 일상에서는 경험하기 힘든 건축의 힘을 느끼게 해주고, 적절히 열린 개구부는 예기치 못한 외부와의 조우를 가능하게 해준다. 건축이 세상과 자연과 하늘과 놀랍게 연결되어 있다. 이 건축은 인간이 서로 연결되어 있으며, 자연과 우주와 하나라는 – 현대인은 잊고 있거나 간과하고 있었던 – 신화를 일깨워주는 도쉬 메시지의 현현(顯現)이다.

도쉬가 프리츠커상을 수상한 이유들은 아마도 서구의 건축을 모방하는 동양의 건축가가 아니라 현대 모더니즘 건축이 가지는 한계, 즉 세상 어디에나 들어맞을 수 있다고 주장하는 모더니즘의 보편성이 가지고 있는 한계를 간파하고 이에 대한 대안을 제시했기 때문일 것이다. 에어컨으로 중무장한 서구식 박스 형태인 유리 커튼 월 건물들의 에너지 소모적이고 비환경적이며 시대착오적인 문제를 파악하고, 도쉬 자신만의 비판적인 해결책으로써 – 서양 건축의 방법론 안에서 그 틀을 지키면서도 매우 지역적이고 전통적으로, 동시에 미래에 대한 비전을 건축물에 담아내며 세계 건축계에 우아하고 시적으로 제시했기 때문일 것이다. 도쉬의 짧은 사유를 담은 아래의 금언으로 글을 마친다.

간디 노동 연구소의 건물로 둘러싸인 두 번째 중정

눈은 이미지를 끌어당긴다.
이미지는 생각을 촉발시킨다.
생각은 연관성을 연결한다.
연관성은 이야기를 떠올리게 한다.
이야기는 신화를 창조한다.
신화는 새로운 현실을 만들어낸다.

간디 노동 연구소의 내부

알도 로시   1931 – 1997

알도 로시Aldo Rossi는 이탈리아 밀라노 출신으로 1990년 프리츠커상을 수상한 건축가로 잘 알려져 있다. 포스트모더니즘 건축을 대표하는 이론가이자 신합리주의 건축양식을 다룬 건축가로, 또한 건축뿐 아니라 주방기구와 시계를 디자인한 디자이너이자 아름다운 드로잉을 남긴 아티스트로도 유명하다. 국내에는 그의 저서『도시의 건축The architecture of the city』(1966)과 『과학적 자서전Autobiografia scientifica』(1981)이 번역 출판되어 있어, 그의 이념을 접할 수 있다.

개별적 건축에서 도시적 건축으로

건축에 있어 20세기는 모더니즘의 시대였다. 새로운 산업과 기술의 발달로 사람들은 전과 다른 일상을 보내기 시작했고 새로운 건축을 요구했다. 위대한 거장들인 르 코르뷔지에는 콘크리트 건축을 통해, 미스 반 데어 로에는 철골 건축을 통해 기존에는 없었던 건축을 전 세계에 퍼트렸고 지금까지도 이들의 영향은 지대하다. 모더니즘 스타일 건축은 합리성과 기능성, 그리고 세상을 관통하는 보편성으로 전 세계 건축을 빠르게 바꿔나갔다.

하지만 20세기 후반에 들어서면서 모더니즘 건축의 문제점이 하나씩 드러나기 시작했다. 장소성과 맥락성의 박약, 의미와 상징성의 부재, 대중에 대한 친밀감의 결여 등은 새로운 대안의 건축을 요구하게 되었다. 미스의 금언 "Less is more"는 미국의 건축가이자 이론가인 로버트 벤츄리Robert Venturi에 의해 "Less is bore"라 조롱당했고, 건축의 단순성과 순수 기하학적 상자형 스타일의 건축은 역시 벤츄리의 저서『건축의 복합성과 대립성Complexity and Contradiction in Architecture』(1966)을 통해 공격당했다. 드디어 포스트모더니즘이 새로운 주류

스타일로 등극하게 된 것이었다.

따라서 많은 사람이 포스트모더니즘 건축이 발아한 계기로 로버트 벤츄리의 『건축의 복합성과 대립성』을 꼽는다. 그러나 같은 해, 이탈리아 건축가이자 이론가인 알도 로시의 『도시의 건축 The architecture of the city』(1966)을 더 소중한 씨앗으로 여기는 건축사가와 건축이론가들도 많이 있다.

이제 1990년에 프리츠커상을 받고 새로운 건축을 제시한 알도 로시와 그의 건축에 대해 그랜드 투어를 떠나보기로 하자. 먼저 그가 어떻게 포스트모더니즘 건축의 거장이 되었는지 다음의 네 가지로 정리해보았다.

첫째, 로시는 할아버지가 설립한 자전거 제조회사에서 가업을 이어가는 아버지의 아들로서 1931년 이탈리아 밀라노에서 태어났다. 어렸을 때부터 형태와 사물에 주의를 기울이고 많은 그림을 그린 것은 로시가 자전거를 조립하는 모습을 보고 자란 영향도 있을 것이다. 그는 말한다.

"나는 오브제, 기구, 장치, 도구 등에 많은 관심을 가졌다. 어렸을 때부터 코모 호수에 면한 집의 커다란 부엌에서 몇 시간이고 커피 포트, 냄비, 병들을 스케치하곤 했다. 특히 파란색, 녹색, 붉은색으로 에나멜이 칠해진 기묘한 형태의 커피 포트들을 좋아했다. 그것들은 훗날 내가 만나게 될 환상적인 건축의 축소판이었다. 요즘도 나는 이 커다란 커피 포트 그리기를 좋아한다. 나는 그것이 벽돌 벽으로 되어 있으며, 그 내부로 들어갈 수 있는 구조물이라고 상상한다."

아마도 알도 로시 건축의 출발점의 비밀은 이 고백에 담겨져 있다고 할 수 있다. 오브제와 형태, 사물이 조합된 건축은 로시 건축의 트레이드마크가 된다.

둘째, 그는 수많은 이탈리아 및 유럽의 건축 문화유산에서 영향을 받았다. 한국 남산에서 돌을 던지면 김씨, 이씨, 박씨가 돌을 맞듯이 이탈리아에서는 돌을 던지면 디자이너, 디자이너, 디자이너가 돌을 맞는다는 말이 있다. 이런 흥미로운 이야기는 이탈리아가 수많은 문화유산에 둘러싸여 있으며, 자연스럽게 많은 사람들이 이의 영향을 받아 디자이너가 되는 것을 증명하는 것이다. 로시도 그러하다. 그는 아로나의 산 카를로네 성인상과 산티아고 데 콤포스텔라에 있는 라스 펠라야스 수도원, 그리고 여러 지역에 있는 작은 예배당인 사크로 몬테 등의 영향을 특별히 언급한다.

"아로나의 산 카를로네 성인상을 처음 보았을 때의 인상은 나에게 강렬하게 다가왔다. 여러 번 그려보고 연구했던 작품이어서 이제는 그것을 나의 유년기의 조형 교육과 결부시키기는 어렵지 않다. (…) 호메로스의 트로이 목마에 대한 묘사처럼 순례자는 마치 유능한 기술자가 건조한 탑이나 마차 속으로 들어가듯이 성인상의 몸 속으로 들어간다. 외부 계단을 오른 후에 성인상 대좌의 내부를 지나 가파른 계단을 급격하게 오르면 성인상의 구조와 거대한 금속판들의 접합부가 드러난다. 그리고 마지막으로 성인상의 머리의 내·외부 부분에 도달한다. 성인상의 눈을 통해 주위를 바라보면 호수의 경관은 마치 천문대에서 조망하듯이 끝없이 펼쳐진다."

로시는 과거의 문화유산으로부터 건축의 조형 감각, 내부 공간과 외부의 관계의 중요성, 도시 구조와 외부 환경의 연관성 등을 눈으로, 손으로, 몸으로 체득하게 된다.

셋째, 비평가 루이지 헉스타블Ada Louise Huxtable이 로시를 '어쩌다 건축가가 된 시인A poet who happens to be an architect'이라고 명명하고, 건축사가 빈센트 스컬리Vincent Scully가 로시를 르 코르뷔지에와 함께 '화가-건축가A painter-architect'라고 칭한 것처럼 로시는 예술가이자 건축가로서 많은 예술로부터 영감을 받아왔다. 대표적인 것이 이탈리아 초현실주의 화가 조르지오 데 키리코Giorgio de

Chirico와 미국 화가 에드워드 호퍼Edward Hopper이다.

"키리코의 그림은, 오늘날 우리가 흔히 이 단어에 부여하는 의미에 입각하여 말한다면, 그림이라고 할 수 없을 것이다. 오히려 그의 그림은 몽상의 기록이라고 정의할 수 있을 성싶다. 거의 끝없이 멀어지는듯 계속되는 회랑이라든가 건물, 곧게 뻗은 굵은 선, 단순하게 채색된 터무니없는 큰 색면, 음산하기까지 한 명암의 대조 등의 수법을 통해 그는 거대함이라든가 고독, 부동성, 정체성 등을 표현해내고 있다. 그가 보여주는 이러한 감정들은 때때로 우리가 어떤 광경을 대할 때 그 광경이 우리의 기억을 슬쩍 건드림으로써 잠들어 있다시피 한 우리의 영혼에 솟아나는 감정이라고 할 수 있을 것이다."

이와 같이 어느 미술 평론가의 글은 상당 부분 알도 로시에게도 그대로 적용된다.

로시는 호퍼의 그림에 대해서는 이렇게 언급한다.

"호퍼의 작품집을 보았을 때 나는 이 모두가 내 건축에 들어맞는다는 것을 알게 되었다. '좌석 열차Chair car'나 '4차선 도로Four-Lane Road' 같은 그림을 보았을 때 나는 그 시간을 초월하는 기적의 불변성, 영원토록 차려져 있는 식탁, 절대로 비워지지 않는 음료수, 그 자체일 뿐인 사물들을 떠올렸다."

고전 건축과 함께 회화와 예술에서 받은 영감과 영향이 오늘날의 로시를 만들었다고 해도 과언이 아니다.

넷째, 알도 로시의 특징 중 하나는 이론가의 머리와 예술가의 가슴을 동시에 가진 건축가라는 점이다. 작가로서의 건축가들은 흔히 직관과 감성, 예술적인 감각에만 의존하는 경우가 있다. 이론가로서의 건축가들은 그들의 작품이 스스로의 논리에 다다르지 못하거나, 메마른 논리에 머물러 인간의 삶을 담지 못하기도 한다. 이 두 가지 능력을 동시에 소유하고 있는 건축가가 드문 경우라면

(왼) 조르지오 데 키리코, <Mystery and Melancholy of a Street>, 1914,
(오) 에드워드 호퍼, <Chair Car>, 1952

여기에 알도 로시의 가치가 있다.

그는 20대(1955년)부터 건축 잡지 『카사벨라 콘티누이타Casabella-continuita』에 기고하기 시작하면서 1960년부터 1964년까지 이 잡지의 편집장을 맡았고, 여러 언론 매체에 계속 기고했다. 이 일은 그에게 중요한 의미를 갖는다. 그의 건축적 사고를 논리적·이론적으로 키워나가는 계기가 된 것이다. 이후 그는 글쓰기와 교육(1965년 밀라노 공예학교 교수, 1972년 취리히의 독일 연방 공예학교 교수, 1973년 베니스대학교 교수, 1976년 미국 코넬대학교 교수, 쿠퍼 유니온 객원교수, 1980년 예일대학교 객원교수, 1983년 하버드대학교 객원교수 등)을 통해 자기 나름대로의 사상과 이론을 형성하게 된다.

엄밀한 내적 논리, 역사를 꿰뚫는 원형을 읽어내는 능력과 체계적인 적용 방법, 이론과 실천의 기밀한 연계, 건축 과정을 있는 모습 그대로 보여주는 드로잉 능력 등은 그를 20세기 후반의 뛰어난 거장 중 한 사람으로 선정하기에 부족함 없는 조건들이 되었다.

알도 로시 건축의 특징

프리츠커상 위원회는 1990년 알도 로시를 수상자로 선정하면서 다음과 같이 언급했다.

"건축은 재능이 서서히 성숙하는 직업이다. 다년간의 사려 깊은 탐구, 디자인 원리의 실천, 공간 감각 기르기, 시간의 흐름에 따라 무르익어가는 다양한 상황과 분위기를 경험해야 하는 분야이다. 건축에 있어서 어린 천재의 출현은 극히 드물다. 건축가가 숙련된 손으로 디자인할 수 있고 찾아낸 설계 개념을 건축화할 수 있는 능력을 배양하는 데 지름길은 없다. 최상의 건축가가 되기 위해 건축가는 법적 자격을 취득하는 것 이상으로 평생 동안 탐구 생활을 해야 한다. 그는 인간의 행동을 알고, 구조와 물질을 이해하고, 영감어린 자신만의 방법으로 어떻게 해야 형태와 공간을 만들어서 인간을 위한 건축을 할 수 있는지 알아야 한다. 프리츠커상 위원회는 알도 로시에게서 이런 자질들과 그 이상의 성취들을 발견했고 그를 1990년 수상자로 선정했다."

프리츠커상을 받은 로시의 건축 특징은 오늘날에도 여전히 우리에게 교훈이 될 수 있을 것이다. 필자는 로시 건축의 특징을 다음의 세 가지로 정리해보았다.

1. 역사에서 유추된 유형학(Typology)

전술한 벤츄리가 역사 속에서 교훈을 배워 – 전통을 개입시켜 – 건축의 형태에 결합시키는 반면, 로시는 역사를 자산으로 보고 – 역사와 기억에 의존하여 – 건축의 유형학을 추구한다. 즉 벤츄리는 건축 형태의 상징성과 장식성을 강조하고 특유의 포스트모더니즘 스타일 때문에 세계 건축계의 이목을 끌었다면, 로시는 건축을 도시의 연장선상에서 그 기억을 파악하여 유형을 찾아내고 도시 문맥

속에서 건축의 논리적 접근을 제시한다.

로시 스스로가 분류한 유형은 세 가지로 요약되는데, 그것은 ① 매스를 가진다, ② 중정을 가진다, ③ 회랑을 가진다이다. 이 요소들은 로시의 작품과 계획에서 절제된 약속처럼 쓰이고 있으나, 그 계획과 디자인은 항상 다양하게 나타난다.

그는 변화하는 현실에서 발생하는 우연성과 자의성을 스스로 유추한 규칙적인 형식(유형학)으로 극복해 나간다. 건축이란 도시를 구성하는 것으로, 개인적인 창조가 아니라 사회적 생산이라는 차원까지 확대되어야 한다는 믿음을 갖고 중정과 회랑 등을 통해 공동체와의 관계를 나타내는 건축 공간 구성의 유형을 추구했다. 어찌 보면 그것은 단순하지만, 단조로울 뿐인 단순함은 뛰어넘는다. 구체적으로 화랑의 개념을 살펴보자.

회랑은 빛과 그림자, 안과 밖, 도시와 건축을 이어주는 교량이다. 회랑에서 도시를 보고 도시 쪽에서도 회랑을 보는 이중성을 가지고 도시 속의 자리를 점유하고 도시 이미지의 총체를 얻고자 한다. 회랑은 일상 생활과 그 건축의 표상, 역사적 시간, 빛과 그림자, 기하학적 형태에서 나온 개념이다. 그가 구현한 건축이라는 것은 회랑에서 상징하고 있는 것처럼 안이면서 동시에 밖이고, 밖이면서 동시에 안인, 그리하여 건축이면서 동시에 도시이고, 도시이면서 동시에 건축인 것이다.

로시의 유형학을 어떤 공식으로 오해하지 말자. 이를 현실의 불안정함과 거친 급류를 헤쳐 나갈 수 있는 항해의 키로 여긴다면 오늘날에도 많은 영감을 얻을 수 있을 것이다.

2. 도시적 건축과 건축적 도시

알도 로시의 대표 저작은 1966년 출간된 『도시의 건축』이다. 책의 제목도 그러하듯이 알도 로시는 건축을 단독의 고립물이자 개별체로 인식하지 않는다. 도시와 하나로 인식하는 것이다.『도시의 건축』의 역자는 현대 건축계의 문제를 이렇게 언급한 바 있다.

"사실 어느 시점부터인가 건축의 의미는 상당 부분 변화하기 시작했다. 건축 고유의 원칙과 전통적 건축관은 현대에는 적용하기 어려운 고증적 문제이거나 과거 지향적 경향 정도로 평가되었고, 건축의 자율적 세계는 건축가의 창조적 세계에 가려져 간과되거나 왜곡되었으며, 건축 고유의 영역은 종종 다른 분야와 지나칠 정도로 간편하게 결합함으로써 그 범위를 넓히기보다는 오히려 그 범위를 과장하는 혼란을 초래했다. 건축의 역사는 현실을 이끌어온 일반적인 건물보다는 대표적·상징적 건물 위주로 설명되기 일쑤였고, 건축가는 시대의 진정한 열망을 밝히기보다 그 일시적 요구와 변화들을 따르고 충족시키기에 급급했다. 건축 교육은 인내력보다는 순발력을 요구하는 프로그램에 의존하게 되었으며, 건축 형태의 의의는 곧장 디자인이라는 용어의 몫으로 넘어가게 되었다. 결과적으로 건축의 세계는 그 내부보다는 외부에서 파악되었으며, 내부에서 바라보았다 하더라도 지나치게 편협하고 편리한 관점으로 인해 그 의미가 축소되거나 변질되었다. 부족하거나 불편하거나 적당치 않다는 이유로 기존의 것, 즉 역사와 현실을 너무 쉽게 판단하거나 해석하려는 태도가 건축의 영역에서도 발생했으며, 그 결과 오늘날 우리는 현재의 문제를 해결하는 것 외에도 잃어버린 건축의 의미를 복구해야 하는 이중의 과제에 직면하게 되었다."

그런 의미에서 로시의 건축관과 건축 특징은 하나의 훌륭한 대안이 될 수 있다. 그는 건축을 단일 오브제로 생각하는 것이 아니라 도시 속의 건축이자 도시를 형성하는 건축이고, 도시가 되는 건축으로 생각하는 것이다. 필자는 이를 관계의 건축, 맥락의 건축이라고 일컫고 싶다. 더욱더 숫자화하고 개인화하고 개별화하고 임기응변이 능사인 세상 속에 건축과 도시, 건축과 역사, 건축과 사회, 건축과 삶의 질을 진지하게 논하고 묻는 로시의 건축관과 건축은 우리에게 하나의 시금석이 될 수 있다.

"실증적 의미에서 나는 건축을 그것이 속해 있는 사회나 문명 생활로부터 분리할 수 없는 창조물로 이해한다. 따라서 건축은 그 성격상 집단적인 것이다. 건축은 문명과 함께 태어난 영속적·보편적·필수적 형성물이다. (…) 건축은 사회에 구체적 형태를 부여하고 사회와 자연과 밀접한 관계를 맺고 탄생하기 때문에 다른 어떤 예술이나 과학과는 근본부터 다르다. 도시는 도시의 건축과 긴밀한 관계를 맺고 있으며, 그 이유는 도시의 건축은 인간과 분리하여 생각할 수 없는 것이기 때문이다."

로시로 인해 우리는 건축이 도시이며 도시가 건축이라는, 잃어버렸거나 잊어버렸던 명제를 되찾는다.

3. 순수 기하학에 깃든 상징과 은유

로시의 건축은 결과적으로는 언제나 간소한 원형으로 돌아가고자 한다. 형태는 단순한 기하학과 규칙성으로 특징지을 수 있다. 그러나 그가 택하는 순수 기하학적 형태(직육면체, 정육면체, 삼각형, 원통형, 원추형 등)는 지루하고 관습적인 디자인이 아니다. 오히려 그는 원초적 형태만이 시간과 장소라는 문제에 있어 초월적이고 상징성 있는 힘을 가질 수 있다고 주장한다. 그는 역사와 장소와 기억에서 유추된 비례 체계를 단정하게 조절하고, 세련된 감각으로 벽면과 개구부 등을 조합하고, 강약을 조율하여 스케일의 조화를 추구하고, 각 오브제들을 지혜롭게 결합시킨다. 건축의 여러 가지 요소를 그 스스로 모뉴멘탈리티Monumentality라고 정의한다.

로시는 모뉴멘탈리티를 "관찰하기 위한 것, 그리고 관찰되기 위한 것"이라고 말한다. 기둥, 창문, 지붕, 굴뚝 등이 오브제화되어 건축의 한 요소가 될 때 그것은 단순한 기능이 아니라 상징과 은유가 될 수 있다는 개념이다. 사실 우리는 삶의 어떤 사건을 단편화된 이미지로 기억하거나 반복되는 사실로 축약하여 추억한다. 체험과 기억된 이미지는 우리를 또 다른 상상의 세계로 나아갈 수 있는 가능성으로 작동한다. 모더니즘의 순수 기하학이 기능성과 경제성으로 우리에게 다가왔다면 로시의 순수 기하학적 건축은 우리에게 잃어버린 사건과 장소와 시간의 의미를 되돌려주고 기억을 환기시켜준다. 그는 우리에게 건축이 기능을 넘어 그런 가치를 줄 수 있는 존재라고 속삭인다.

이런 지식들을 가지고 로시의 건축들을 향해 그랜드 투어를 떠나보자.

세그라테 시청사 광장과 기념비 스케치
(알도 로시의 순수 기하학의 결합을 잘 보여준다.)

알도 로시 Aldo Rossi

알도 로시 첫 번째 작품

프리츠커상을 수상하게 한 결정적 작품

일 팔라조 호텔

Hotel Il Palazzo

일본, 후쿠오카, 1989

일 팔라조 호텔

일본, 후쿠오카, 1989

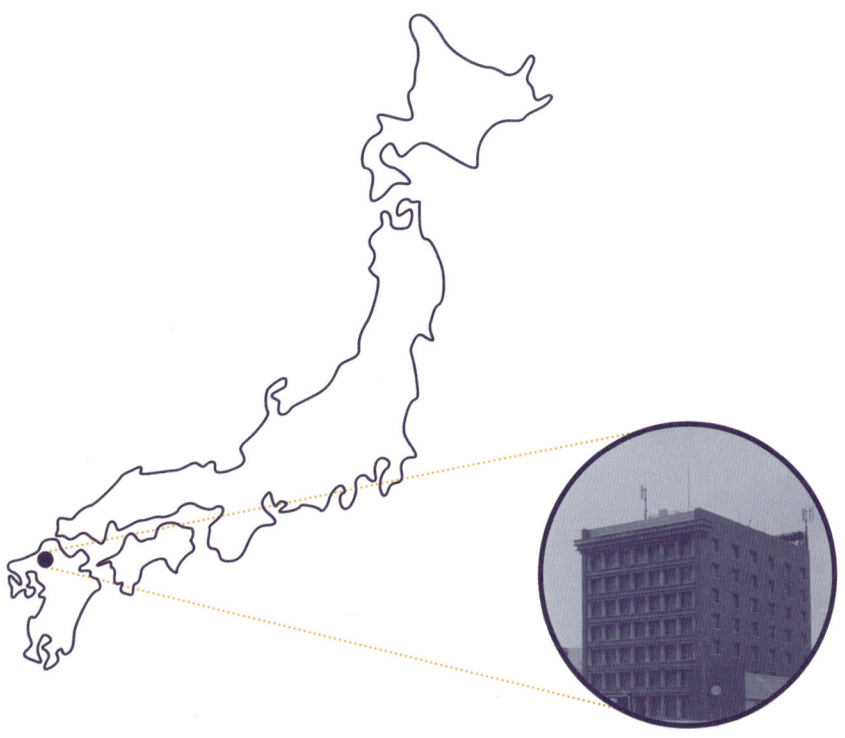

Information

3 Chome-13-1 Haruyoshi, Chuo Ward,
810-0003 Fukuoka
(33.59072°N 130.40730°E)

TEL: +81.570.009.915
WEB: www.ilpalazzo.jp

일 팔라조Il Palazzo 호텔은 일본 후쿠오카의 재개발 지역에 위치한다. 건축주인 일본상점관리센터JASMAC는 낙후된 하루요시 지역의 재개발을 촉진하기 위해 세계적 명성을 떨치고 있던 알도 로시에게 설계를 의뢰하게 된다. 그의 초기 스케치를 보면 다양한 위락 시설 단지에 둘러싸여 있는 혼재된 건물의 집합을 볼 수 있다.

길 건너에서 본 일팔라조 호텔 모습

일 팔라쪼 호텔의 무형 정면 파사드

호텔의 이름인 일 팔라조는 이탈리아어로 궁전을 의미하며, 정면의 위풍당당한 파사드가 기념비적이다. 7층의 무창 정면을 전면의 나카 강에 투영한다는 것은 매우 역발상의 아이디어다. 무엇보다도 인상적인 것은 격자형 건물(호박색 트래버틴 원형 기둥들과 화학적으로 부식 처리된 녹색 구리 인방(引枋)들의 대비적 구성 – 수직과 수평, 적색과 녹색, 돌과 금속 등)의 대담하지만 단순하고, 화려하지만 수수한 외관이다. 창도 없이 초연한 신비로운 그 기념비성이다.

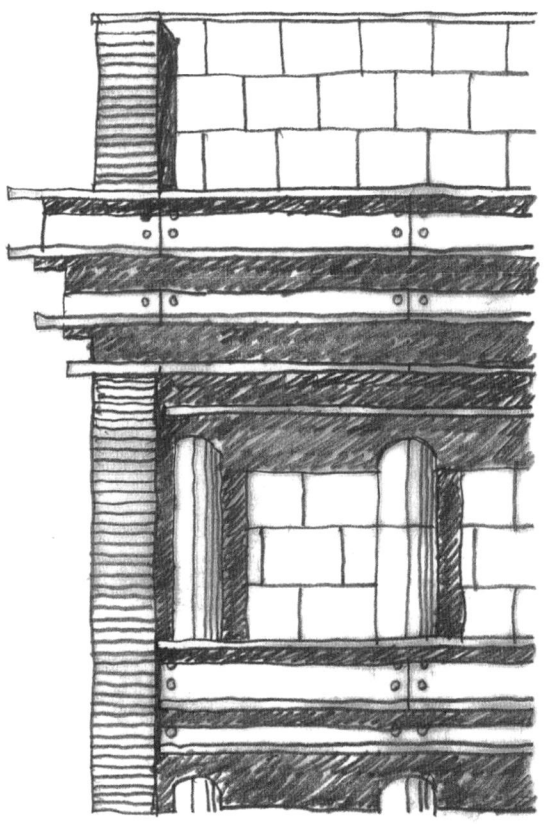

일 팔라조 호텔의 입면 스케치

입면 드로잉은 이에 대한 로시의 확신을 보여준다. 건축주는 당연히 나카 강으로 창문이 난 호텔을 생각했고, 의외의 디자인에 놀라 설명을 요구했다. 로시는 주 정면에서의 창문의 부재를 설명하기 위해 E. M. 포스터E. M. Forster의 소설『전망 좋은 방A room with a view』을 상기시켜 설득해낸다.

"소설의 처음에서 플로렌스의 전경은 매우 중요하다. 그러나 끝에서 실제로 중요한 것은 호텔에 머무는 것, 호텔에서의 사랑과 삶이다. (…) 전망 좋은 텅 빈 방보다 더 나은 것은 전망이 없더라도 삶이 가득 찬 방이다."

필자가 보기에 이 건축의 가치는 아름답고 인상적인 정면도 정면이지만, 로시 특유의 도시적 건축 구성이 이 건축의 숨겨진 백미라 할 수 있다.

1개 층 높이의 계단을 포함하는 기단은 진입의 장소이자 도시 및 나카 강과 조응하는 관계의 장치이고, 좌우 4개의 박공 지붕 별관과 본 호텔의 집합적 건축 구성은 개별성을 지양하는 관계적 건축이다. 본관과 별관 사이의 골목길들은 일본의 도시 구조에 대한 은유로서 기억을 회귀시킨다. 서구적 외양을 가지고 있지만 동양(일본)의 정서를 잘 조화시킨 수작이 아닐 수 없다.

총괄 코디네이터는 우치다 시게루가 맡았는데, 공용 공간은 우치다 시게루Shigeru Uchida, 호텔 객실은 미하시 이쿠요Mihashi Ikuyo, 4개의 바는 알도 로시 본인을 포함하여 쿠라마타 시로우Kuramata Shiro, 가에타노 페스케Gaetano Pesceup, 에토레 소트사스Ettore Sottsass 등이 각각 디자인하여 집단 지능 디자인을 일구어냈다.

일 팔라조 호텔 팜플렛

알도 로시 두 번째 작품
도시와 함께 살아가는 도시적 뮤지엄

보네판텐 뮤지엄
Bonnefanten Museum

네덜란드, 마스트리흐트, 1995

보네판텐 뮤지엄

네덜란드, 마스트리흐트, 1995

Information

Avenue Ceramique 250,
6221 KX Maastricht
(50.842411°N 5.700926°E)

TEL: +31.43.329.0190
WEB: www.bonnefanten.nl
정보: 현장 및 전시 유료관람. COVID-19로 인해 폐쇄 여부 확인 필요.

네덜란드 최남단에 위치한 도시 마스트리흐트Maastricht의 보네판텐 뮤지엄Bonnefanten Museum은 1990년대 도자기 생산 지역의 재개발 프로젝트로 진행되었다. 도시에서 접근하는 주 진입 축과 인접한 마스 강의 후면 축이 대조적인 이 대지에서 알도 로시는 특유의 도시적 건축 방법을 제시한다. 기존 도시와 같은 구성의 담담하고 견고한 외관과 마스 강으로 향한 드라마틱하고 열린 공간인 E자형의 배치 구성이 그것이다.

박물관의 무덤덤한 입구를 들어가 내부 홀로 진입하면 4층 높이의 망원경형 공간에 하늘로부터 빛이 떨어져 나와 무언가 공간의 변화를 암시하고, E자형 구성의 가운데 매스의 로비로 들어가면 높고 너른 하늘로 열린 빛의 공간이 관람객을 환영하며 내·외부의 극적 반전을 보여준다. 이곳은 당시 관장이었던 알렉산더 반 그레벤스타인의 요구, 즉 "방문객들이 지금 어디에 있는가를 알게 해주는 감동적인 공간의 몸짓이자 (…) 그 순간 잠시 쉬는 그런 장소"를 구현한 것이다.

35m 길이의 큰 물줄기 같은 계단과 천창의 공간은 빛으로 충만하며 어디로든 연결되는 중심축으로서 각 갤러리로 통하는 구심점 역할을 한다. 마지막으로 배치되어 있는 로켓 모양의 매스는 이 건축의 화룡점정에 해당한다. 마스 강에서

(위) 마스 강 건너에서 본 보네판텐 뮤지엄의 모습, (아래) 마스 강에 열린 외부 중정의 모습

바라다보이는 로켓 모양의 독특한 외관 때문에 이 뮤지엄은 도시를 상징하는 명소가 되었다. 상부에는 아연으로 돔을 씌웠으며, 돔 옆에는 2개의 강철 원형 계단이 있고, 전망 테라스가 돔의 전체 원을 두르고 있다.

3개 층 높이의 큐폴라Cupola 형상의 공간은 서양 고전 건축의 원형을 따르면서도 매우 현대적인 느낌을 준다. 섬세하게 설계된 사각형 채광창에서 빛이 신비하게 떨어지기 때문일 것이다. 인상적 외관의 형태에 취한 나머지 로시 특유의 도시 환경적 공간 구성의 아름다움을 놓치지 말도록 하자. E자형 배치는 필연적으로 마스 강으로 열린 2개의 외부 마당 공간을 제공해주며, 이곳에서 펼쳐지는 아름다운 자연과 하늘이 미의 향연을 펼치기 때문이다.

로시의 스타일은 지금 이 시대의 관점에서는 하나의 고전이 되어버렸을지도 모른다. 그러나 급변하는 21세기에 우리가 로시의 건축에서 귀 기울여야 할 것은 스타일의 배후에 흐르는 그의 정신과 개념이다. 건축이 기능과 효율성의 개별적 건축이 아니라 은유와 상징을 내포한 도시적, 관계적 건축이 될 수 있다는 희망이다. 눈에 보이는 것은 언제나 눈에 보이지 않는 것으로부터 오기 때문이다.

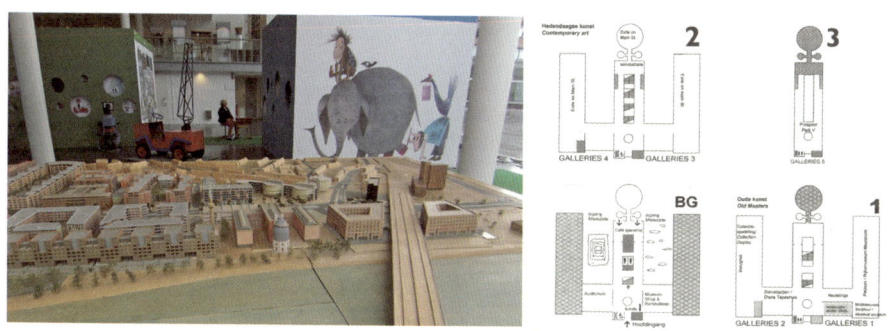

(왼) 마스 강변에 있는 보네판텐 뮤지엄의 모형, (오) 보네판텐 뮤지엄의 E자형 배치가 보이는 박물관 팜플렛

보네판텐 뮤지엄의 전시실

"나는 인생에서 가장 중요한 것들은 도덕적·시적 원칙에 기초하고 있다고 믿고 있다. 나는 늘 몇몇 순간과 기억을 떠올리곤 한다. 도시의 기억은 매우 중요하다. 개인적 기억이 아니라 집단적 기억이 중요하다. 이런 의미에서 나는 건축의 생명이 항상 중요하다는 것을 발견한다."

신비로운 빛이 떨어지는 보네판텐 뮤지엄의 큐폴라 형상 내부 공간

보네판텐 무지엄의 진입 로비

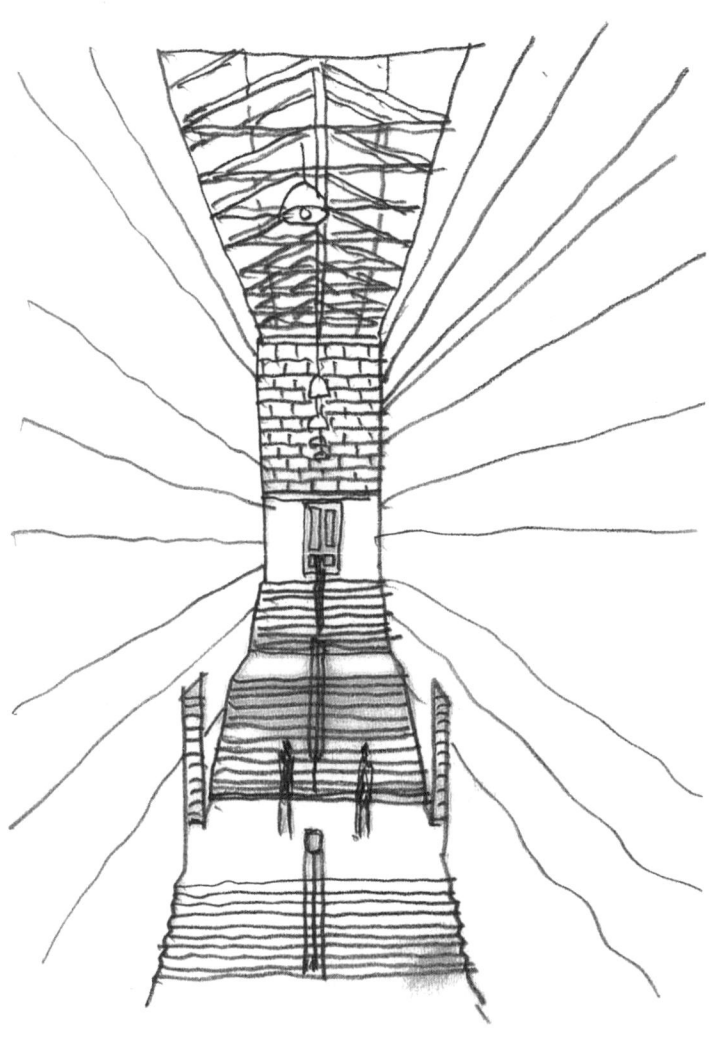

보네판텐 뮤지엄 내부 진입 로비 스케치

자하 하디드   1950 – 2016

본인의 열정만큼 강렬한 인상을 주는 이라크 바그다드 태생의 영국 자하 하디드Zaha Hadid는 화려한 수식어가 따라다니는 건축계의 세계적 스타이다. '동대문 디자인 플라자 국제 현상 설계 공모전 당선자(2007)', '여성 최초의 프리츠커 상 수상자(2004)', '유럽 최대의 건축상 미스 반 데어 로에상 수상자(2003)', '뉴욕 MOMA 해체주의 건축전 참여 작가(1988)' 등으로 유명하다. 그러나 이런 유명세 때문에 상대적으로 잘 알려지지 않은, 긴 실패와 좌절의 터널이 있었다. 그녀는 이 시기를 오직 건축에 대한 불타는 열정, 끊임없는 노력, 자신에 대한 믿음 그리고 확고한 야망으로 이겨 냈다고 고백하고 있다.

정박 중인 우주선 '미래호'의 선장

2016년 3월 31일, 세계 건축계는 비보를 접하게 된다. 건축가 자하 하디드가 비교적 이른 나이인 65세에 세상을 떠났다는 소식이었다. 자신이 설계한 작품으로 강렬한 인상을 주던 자하 하디드는 화려한 수식어가 따라다니는 건축계의 세계적 스타였다. '여성 최초의 영국왕립건축가협회RIBA 금메달 수상자', '동대문 디자인 플라자 국제 현상 설계 공모전 당선자(2007)', '여성 최초의 프리츠커상 수상자(2004)', '유럽 최대의 건축상 미스 반 데어 로에상 수상자(2003)', '뉴욕 MoMA 해체주의 건축전 참여 작가(1988)', '아라크 출신의 세계적인 영국 건축가'….

현대 건축계에서 상대적으로 비주류인 중동의 이라크에서 태어난 자하 하디드가 어떻게 세계적인 스타이자 거장 건축가가 되었는지 그녀의 과거를 돌아보며 정리해보았다.

자하 하디드는 1950년 이라크 바그다드에서 개방적이고 교육에 열정적인 부모님에게서 태어났다. 여행을 좋아하던 진보적 성향의 정치가인 아버지를 따라

여행을 많이 다녔던 것이 그녀에게 큰 영향을 미쳤다. 그녀는 이야기한다.

"건축에 관심을 가지게 된 것은 여섯 살 때 가본 건축가 프랭크 로이드 라이트의 전시회 때문이었어요. (…) 어릴 때 가족과 함께 작은 보트를 타고 남부 이라크의 습지대에 있는 마을 여러 곳을 여행한 적이 있었죠. 그 풍경은 정말 아름다웠고 조금도 잊히지 않아요. 모래와 물, 그리고 야생의 세계가 하나의 흐름을 만들고 있었어요. 자연스럽게 그곳의 건물이나 사람들도 어우러졌고요. 그 매혹적인 흐름은 건물과 마을을 적시고 아우르며 잔잔히 뻗어나가는 듯 보였습니다."

이 경험은 그녀에게 건축적 기억으로 자리 잡는다.

"제가 건축가로서 하려는 것은 그때의 그 풍경, 그 물의 흐름처럼 유동적이고 유기적이며 군더더기가 없는, 매끈한 건축을 보여주기 위해 노력하는 것입니다. 그때의 그 장면과 같은 도시 환경을 만드는 것입니다."

아마도 이 고백이 자하 하디드의 건축을 이해하도록 만든다. 현대의 디지털 기술이 그녀의 액체화나 입자화의 유동성과 흐름의 건축을 가능하게 한다.

어렸을 때부터 수학과 과학을 잘했던 그녀는 잠시 레바논과 스위스의 대학에서 수학과 기하학을 공부했다. 하지만 하디드는 어렸을 때부터 마음속 깊이 진정으로 원하던 건축을 공부하기 위해 영국 런던의 AA건축학교Architectural Association School of Architecture(AA라고 불리기도 함)로 진학하게 된다. 여기서 – 당대 최고의 건축학교에서 – 최고의 선생님들에게 건축을 배우며 꽃을 피우게 된다. 즉 앨빈 보야르스키Alvin Boyarsky, 레온 크리에Leon Krier, 렘 콜하스Rem Koolhaas, 엘리아 젱겔리스Elia Zenghelis 등에게서 배운 것이다.

이 중 렘 콜하스와 엘리아 젱겔리스와의 만남은 특별한데, 이들은 그녀의 독특한 직관과 열정을 믿어주고 격려했으며, 그녀에게 러시아 아방가르드를 탐구하도록 자극했다. 당시의 AA건축학교는 수많은 건축계의 스타들을 배출하는 화수분이었다. AA에서 공부한 것은 자하 하디드 본인을 위해서도, 세계 건축계를 위해서도 매우 좋은 행운이었다고 말할 수 있다.

1900년대 초, 러시아 아방가르드 건축가들은 그녀의 모범이 되었다. 그들의 전위적이고 미래적이며 역동적 디자인은 그녀에게 깊은 영향을 주었다. 또한 그들의 회화와 드로잉은 하디드에게 디자인의 도구이자 공간 창조의 표현으로서 영감을 주었다.

"나는 1920년대 러시아 아방가르드 운동에 큰 자극을 받았습니다. 말레비치Kazimir Severinovich Malevich와 칸딘스키Wassily Kandinsky의 작업이 이런 경향을 통합해 건축에 움직임과 에너지의 개념을 주입함으로써 공간 속에 흐름과 움직임의 느낌을 주었습니다."

1977년에 학위를 취득한 그녀는 콜하스와 젱겔리스가 공동으로 설립한 OMA에서 일했다. 자신의 스승으로부터 함께 일하자는 제안을 받은 것은 하디드의 역량이 얼마나 뛰어났는지 알 수 있다.

"OMA에서 일한 경험을 통해 나는 이제 셋이 혼자나 둘보다 더 좋다는 것을 믿습니다. 만약 당신이 독자적으로 활동하면서 어떤 사람의 비판도 받지 않는다면, 당신은 고립되어 계속 자신을 속일 수 있고, 사실은 그렇지 않은데 훌륭한 척 가장할 수 있기 때문입니다."

이후 그녀는 1980년에 자신의 사무소 자하 하디드 아키텍츠Zaha Hadid Architects를 설립했다. 사무소 개설 후 수많은 공모전에 참여하며 화려하면서도 다이내믹한 안(案)으로 명성을 얻었다. 건축뿐만 아니라 그녀의 그림과 도면 역시 매우 유명해져서 전 세계에서 전시회가 열리기도 했다. 1988년에는 필립 존슨Philip Johnson에 의해 그 유명한 '해체주의 건축전'에 초대받았다. 이 전시회에 함께 초대된 사람은 프랭크 게리Frank Gehry, 다니얼 리베스킨트Daniel Libeskind,

렘 콜하스, 피터 아이젠만Peter D. Eisenman, 쿱 힘멜블라우Coop Himmelblau, 베르나르 츄미Bernard Tschumi 등으로, 이는 그녀가 세계 건축계에 스타로 인정받는 계기가 되었다. 또한 건축 교육 분야에도 힘썼는데, AA건축학교, 함부르크대학교, 하버드대학교, 콜롬비아대학교, 오하이오주립대학교, 예일대학교 등에서 초빙 교수를 역임했다.

하지만 이런 명성과 달리 그녀의 전위적 디자인을 현실화할 용기를 가진 건축주는 많지 않았다. 그래서 그녀는 오랫동안 '지어진 건축물이 없는 유명한 건축가'로 남아 있었고, 유명세 때문에 상대적으로 잘 알려지지 않은 긴 실패와 좌절의 터널이 있었다. 그녀는 이 시기를 오직 건축에 대한 불타는 열정, 끊임없는 노력, 자신에 대한 믿음, 그리고 확고한 야망으로 이겨냈다고 고백한다.

2003년의 미스 반 데어 로에상 수상과 2004년 프리츠커상의 연속 수상은 세계 건축계에 새로운 여제의 등장을 만천하에 알리는 계기가 되었고, 세상은 그녀의 피눈물나는 노력과 인내, 그리고 천재적인 재능에 박수갈채를 보내기 시작했다. 극적 반전이었다. 아르바이트 학생들과 시작했던 그녀의 작은 사무소는 현재는 400여 명이 넘는 대형 설계사무소가 되었으며, 전 세계로부터 의뢰받은 일로 넘쳐나 제일 바쁜 건축가가 되었다. 하디드 사후에도 최고의 파트너인 패트릭 슈마허Patrik Schumacher가 사무소를 이어받아 성공적으로 그 명성을 이어가고 있다.

필자가 이런 자하 하디드와 그녀의 건축을 이해하기 위해 화두로 정한 것은 '건축은 역동적일수록 좋다?', '건축은 땅의 조작이다?', '건축은 미래를 위해 정박 중인 우주선이다?'이다.

자하 하디드 건축의 특징

<u>1. 건축은 역동적일수록 좋다?</u>

건축은 고래(古來)로 정지된 것이었고 안정적인 것이자 구축적인 것이었다. 그것은 의심할 수 없는 사실이고 관습이자 정의였다. 그러나 그것이 지속되자 세상은 지루해하기 시작했다. 그러자 어디에선가 조금씩 변화의 움직임이 생기기 시작했다.

20세기의 산업화와 근대화는 인류 역사상 큰 변화 중 하나다. 인간의 삶은 변했으며 새로운 기계들이 나타났고 건축도 급격하게 변해갔다. 평지붕의 콘크리트 건물이 들어서기 시작한 것이었다. 21세기에 들어 또 다른 변화가 시작되었다. 정보화, 통신 수단의 발전, 컴퓨터의 개인화는 세상을 더욱 역동적으로 변화시키고, 명확했던 경계를 허물기 시작했다. 자하 하디드의 등장은 이런 세상의 변화와 무관하지 않다. 그녀는 미스 반 데어 로에의 말을 인용한다.

"건축은 그 시대 정신의 표현입니다. 그 시대 삶의 표현이고 그 시대 변화의 표현이며 그 시대에 도래하는 새로움의 표현입니다."

그렇다. 하디드는 그냥 형태를 위한 디자인을 하는 것이 아니다. 그녀는 현대 사회가 끊임없이 변하고, 복잡하게 얽히는 빠른 속도의 흐름 속에 있다는 것을 이해한다. 그리고 그것을 야심 있게 건축으로 표현하고자 한다. 빠르게 변하는 세상과 달리 건축계의 시간은 더디게 변한다. 그렇기 때문에 그녀는 고독하게 열정적으로 때로는 미친 듯이 역동적 형상의 현상설계안과 환상적인 그림을 통해 "이 시대가 변하듯이 건축도 변해야 한다"고 외쳤는지 모른다. 사람들은 그녀의 그림에 매혹을 느끼면서도 "현실은 아직 아니야" 하며 그녀의 비전을 못내

외면했다.

하지만 앞서 설명한 것처럼 프리츠커상 수상 이후로 모든 것은 역전되었다. 그녀의 건축은 기괴한 '컬트'가 아니라 아무나 가질 수 없는 '명품'이 되었고, 누구나 사고 싶고 갖고 싶은 최첨단 '아이콘'이 되었다. 이제 사람들은 그녀의 환상적이고 역동적인 건축에 열광한다. 자하 하디드표 건축의 드라마틱함에 즐거워한다. 그녀의 건축은 형태의 유희만 가진 것이 아니다. 그녀의 건축에서 중요한 것은 외관이 아니다. 오히려 그녀가 그리는 변화에 대한 긍정이 더욱 중요하며, 건축이 삶의 환희를 담을 수 있다는 낙관적 믿음에서 오는 것들이 더욱 중요하다. 그것을 표현할 수 있는 역동적인 건축을 우리는 좋다고 인정할 수밖에 없지 않을까?

2. 건축은 땅의 조작이다?

건축은 오랫동안 땅 위에 집을 짓는 것이었다. 땅 위에 바닥을 만들고 벽을 세우고 지붕을 만드는 것은 인류가 계속해오던 건축의 방식이었다. 새로운 시대가 되면서 일부 전위적인 건축가들은 일반적 건물 그 이상의 '어떤 것'을 추구하기 시작했다. 그러한 추구 중 하나가 풍경Landscape이라는 개념이다.

이것은 주변 경관과 어우러지는 건축이 하나의 풍경을 이루는 것이라는 일반적인 생각에서 더 나아간 사고이다. 건축이 주변과 조화를 이루는 수동적인 관계에서 건축 스스로가 풍경이 되는 아이디어다. 이러한 인공의 풍경Artificial Landscape은 건축의 새로운 가능성을 열어주고, 인간에게 환경과 건축에 대한 확대된 비전을 제시해준다. 즉 '건축은 주변의 환경과 조화를 이루어야 한다'는 사고에서 '건축 자체가 풍경이다'라는 개념으로 진화하는 것이다.

풍경에서 가장 기본적인 것은 땅Land이다. 땅을 건축의 새로운 재료로 인식하거나, 땅을 조작하여 건축화하거나, 땅 혹은 지면이 건축이 되는 것은 건축의 새로운 '조리법' 이상의 가치가 있다. 자하 하디드는 그런 새로운 건축을 통해 건축의 경계를 허물고 세상의 경계 없음, 아니 경계가 사라져가는 것을 나타내거나, 일반적으로 사유화되어 있어 폐쇄적인 건축을 변화시켜 개방적이고 유동적인 새로운 가치의 '지형의 건축, 지형의 풍경'을 추구한다.

자하 하디드는 말한다.

"건축은 삶의 방식이기도 합니다. 건축을 일반화만 시킨다면 그것은 대지를 요새로 만드는 것과 같습니다. 이것은 단순히 접근을 막는 것만이 아닙니다. 경계가 요새처럼 되어 있기 때문에 그것은 접근성에 있어서나, 시각적인 면에 있어서나, 도시와의 연계에 있어서나 대지에 대한 그 어떤 통과도 제한하는 것입니다. (…) 대신 우리는 건축을 대지의 흐름에 따라 열려 있게 만들어야 하며, 더욱더 많은 상호 작용과 다양한 활용들을 가능하게 해야 합니다."

우리가 귀 기울여야 하는 것은 그녀의 현학적 형태론이나 구성의 방법이 아니라 건강한 건축적 사고와 담론이다. 그녀의 주장대로 공공에게 열어주거나 공공을 배려하는 건축이야말로 우리가 기다리는 미래의 건축이 아닐까? 만약 그렇다면 지형의 풍경이거나 지면의 조작이 된 건축은 우리의 희망이 될 것이다.

3. 건축은 미래를 위해 정박 중인 우주선이다?

최근의 자하 하디드의 건축을 보면 매우 역동적이고 변화무쌍한 한 편의 드라마를 보거나, 마치 일반적이고 관습적인 건축이 아니라 하나의 우주선을 보는 듯하다. 초기의 날카롭고 파편적인 형태에서 유동적이고 유연한 형상으로 변하고 있는 것은 사실이다. 본인도 그것을 인정하고 있다.

"그렇습니다. 많은 사람들이 예전에는 왜 그렇게 날카로운 각도들을 사용해야만 했는지, 또한 지금은 모든 것이 왜 그렇게 유동적인지 묻곤 합니다. 그러나 그동안의 어휘에 반드시 단절이 있다고 말할 수는 없습니다. 오히려 내적 구성의 문제가 있습니다."

표피적으로 본다면 컴퓨터 기술의 발전과 신 재료의 개발, 유동적 형상의 유행화가 복합적으로 어우러져 이런 우주선 같은 디자인이 나왔으리라 짐작할 수 있지만, 그녀는 더 근본적 문제를 이야기한다.

"유동성의 개념은 도시성과 풍경을 건물의 내부로 끌어들인다는 흡수의 아이디어와 관련된 것입니다. (…) 기본적인 문제는 대지가 연속적으로 흐른다는 것입니다. (…) 도시는 (혹은 대지는 혹은 풍경은) 안으로 흐르고, 프로젝트는 밖으로 흐르는 것입니다."

내부와 외부가 끊임없이 관계를 맺고 경계를 허물며 시민들에게 열려 있는 개방성을 확보하기 위해 그녀는 오늘도 시대를 앞서가며 유선형의 우주선을 만들고 그것을 앞장서서 운전하고 있다. 그녀의 앞에는 전인미답의 우주가 펼쳐져 있다. 그녀가 열어주는 미래의 풍경은 사람들을 새롭게 눈뜨도록 만든다.

"이것이 바로 내가 사무소를 열고 있는 이유입니다. 불확실성의 요소가 없다면, 그리고 미지의 세계에 대한 탐험의 여정이 없다면 발전할 수도 없을 것입니다."

모험과 도전에 마음을 열고 그녀의 놀라운 건축 세계를 향해 그랜드 투어를 떠나보자.

"건축은 삶의 방식이기도 합니다.
건축을 일반화만 시킨다면 그것은 대지를 요새로 만드는 것과 같습니다.
이것은 단순히 접근을 막는 것만이 아닙니다.
경계가 요새처럼 되어 있기 때문에 그것은 접근성에 있어서나,
시각적인 면에 있어서나, 도시와의 연계에 있어서나 대지에 대한
그 어떤 통과도 제한하는 것입니다.
대신 우리는 건축을 대지의 흐름에 따라 열려 있게 만들어야 하며,
더욱더 많은 상호 작용과 다양한 활용들을 가능하게 해야 합니다."

자하 하디드 첫 번째 작품
하디드의 첫 작품이자 메가 히트작

비트라 소방서
Fire Station at Vitra
(후에 디자인박물관으로 변경)

독일, 바일 암 라인, 1994

비트라 소방서 디자인박물관

독일, 바일 암 라인, 1994

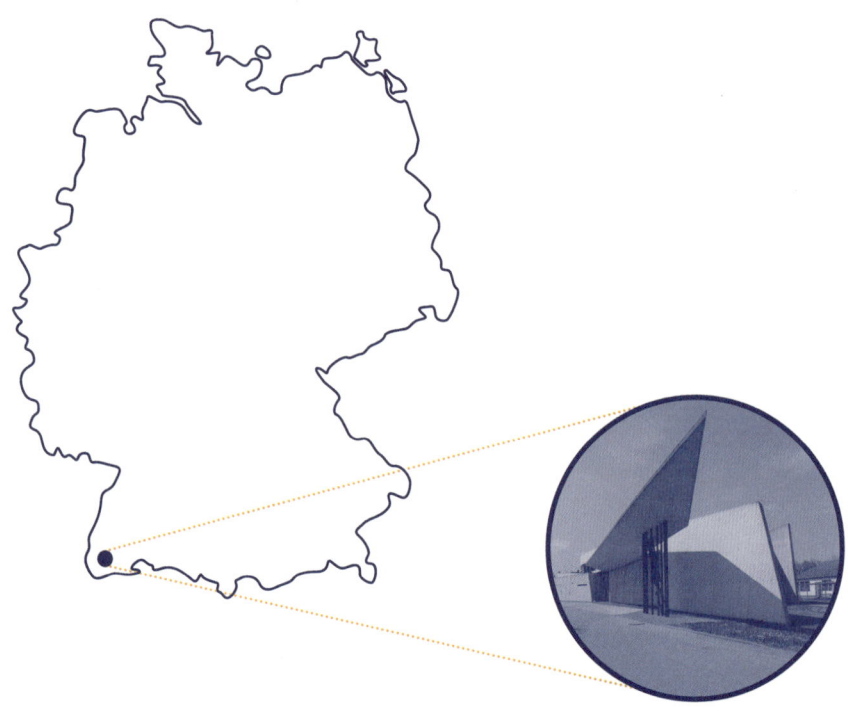

Information

Müllheimer Str. 56,
79576 Weil am Rhein
(47.60051°N 7.61538°E)

TEL: +49.7621.7020
WEB: www.design-museum.de
정보: 홈페이지를 통해 사전 예약 필요.

유명했지만 지어진 건축이 전혀 없었던 건축가 자하 하디드를 본격적인 건축 세계에 불러낸 것은 훌륭한 건축주에 의해서였다. 세계적인 가구 회사인 비트라사의 회장인 롤프 펠바움Rolf Fehlbaum 회장이 그 예이다. 그는 과거 이탈리아의 메디치 가문이 수많은 예술가를 후원하고 길러낸 것처럼 수많은 건축가 및 디자이너의 대부 같은 의미 있는 일을 지금까지 이어오고 있다.

　그는 독일 남부 라인 강변의 바일에 있는 비트라사의 여러 건물들을 여러 저명 건축가들에게 의뢰했다. 예를 들어 유럽에서 건축 활동을 한 적이 없는 프랭크 게리에게 디자인 미술관을, 해외 프로젝트 경험이 없는 안도 다다오Ando Tadao에게 콘퍼런스 파빌리온을, 그리고 실제 지어진 건축이 없는 자하 하디드에게 소방서Fire Station at Vitra(후에 디자인 박물관으로 변경) 건물의 설계를 의뢰한 것이다. (그 외에도 알바로 시자Alvaro Siza, 니콜라스 그림쇼Nicholas Grimshaw, 헤르조그 앤 드메롱Herzog & de Meuron, SANAA 등이 설계한 건물이 지어졌고, 여러 건축가의 건물과 조형물들이 지어질 예정이다. 이들 모두 세계적인 건축가가 되었고, 상당수가 프리츠커상을 수상했다)

　그녀의 수많은 계획안과 그림들처럼 이 소방서 건물은 지어지자마자 센세이션을 일으켰고 수많은 비판을 받았다. '소방서 같지 않은 건물', '돌로

비트라 소방서 외관 모습

된 번개', '불안정한 건물' 등 혹평이 쏟아졌지만 펠바움은 그녀를 묵묵히 후원해주었고, 필립 존슨은 해체주의 건축전에 그녀를 초대하여 열광과 찬사를 쏟아냈다.

"그녀는 하늘로 떠오르는 듯이 보이는 건물을 만들었습니다. 소방서 꼭대기를 바라보면 눈길이 마법에 이끌린 듯 끌려 올라갑니다. 이는 대단히 특별한 일입니다."

어느 벽이나 지붕도 수직과 수평으로 되어 있지 않은 이 소방서는 어떤 이에게는 드라마틱한 형상과 매혹적인 구조의 창조물이지만, 어떤 이에게는 날카롭고 불편한 건물이기도 했다. 눈에 보이는 대담한 구성 뒤에 숨겨진, 눈에 보이지 않는 사고는 혁신적이다. 벽과 벽을, 벽과 지붕을 분리시킴으로써 건축을 파편화하고 해체하는 것이다.

그러면서 이 건물은 역동적인 인상뿐만 아니라 각 요소의 무게감을 상실시키는 부유성과 막힌 벽들로 폐쇄되었던 세계를 열어주는 투명성과 소통성을 얻었다. 갈라진 벽의 틈새로 빛이 스며들며, 비트라 단지의 건물들과 남부 독일의 풍경이 들어온다. 그리고 이 소방서 건물 자체도 새로운 풍경이 된다. 시대가 바뀐 것이다. 이제는 박수소리가 요란하다. 시대가 이해 못했던 '컬트'가 전 세계로부터 순례객과 방문객을 맞이하는 '전설'이 된 것이다.

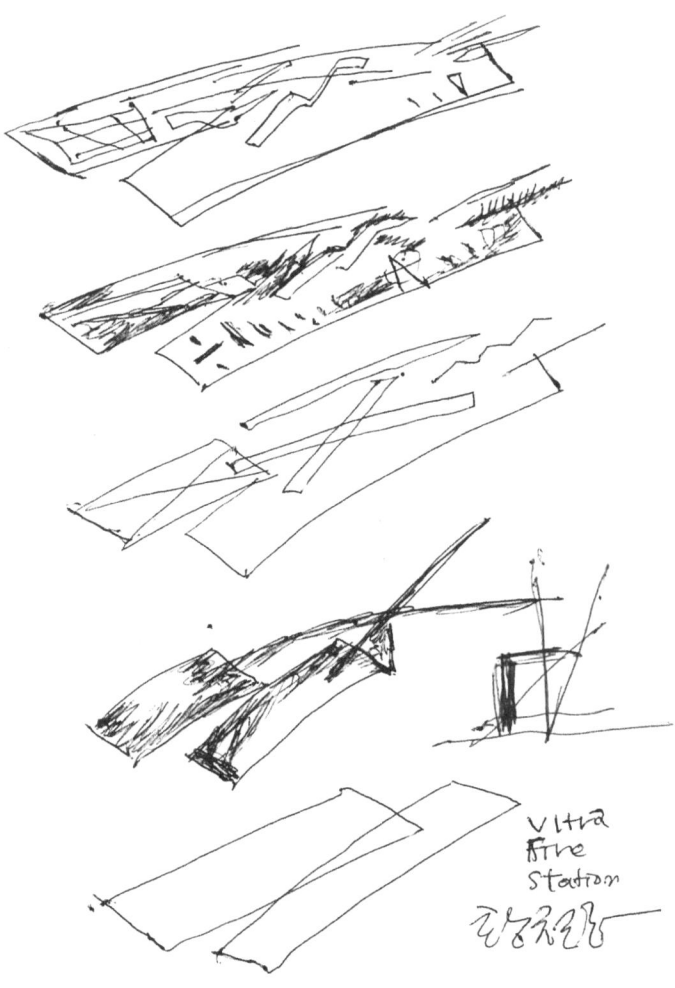

비트라 소방서의 디자인 프로세스 스케치

비트라 소방서 외관 스케치

328 자하 하디드 Zaha Hadid

비트라 소방서의 내부 모습

자하 하디드 두 번째 작품
두 도시를 연결하며 지상에 떠 있는 과학센터

파에노 과학센터
Phaeno Science Center

독일, 볼프스부르크, 2006

파에노 과학센터

독일, 볼프스부르크, 2006

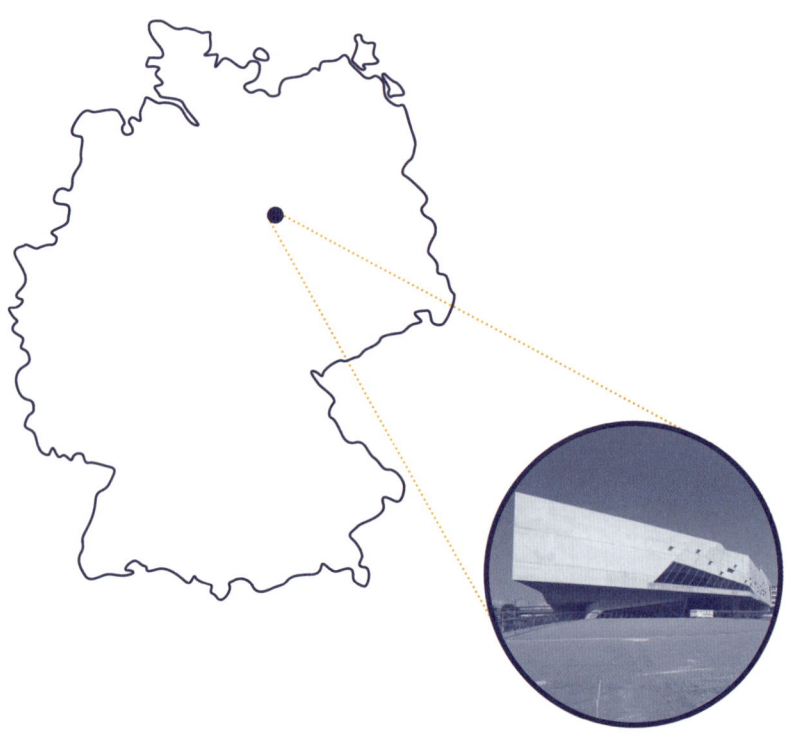

Information

Willy-Brandt-Platz 1,
38440 Wolfsburg
(52.42884°N 10.79056°W)

TEL : +49.05361.899.930
WEB : www.phaeno.de
정보: 건축물 투어용 담당자 이메일(tourist@wolfsburg.de)로 미리 연락 필요.

독일 북부의 볼프스부르크는 20세기 전반에 건설된 산업 도시로서 자동차 회사 폭스바겐의 주요 생산 도시 중 하나다. 파에노 과학센터Phaeno Science Center는 현상 설계 당선작으로 자하 하디드의 건축 세계를 잘 보여주는 작품이다.

먼저 도시적 맥락으로는 기차역 인근에 위치해 있고, 운하에 의해 양쪽으로 분리되어 있던 '자동차의 도시'와 '사람들의 도시'의 경계에 위치해 있다. 자하 하디드는 그녀의 이상과도 같이 두 세계의 분리를 특유의 방식으로 해소하고 결합하고 통합한다. 과학센터라는 주제가 탐험 정신, 독창성, 새로운 시도, 호기심이라는 그녀의 사고에 날개를 달아주었다.

과학센터에서 그녀는 지면을 조작하고 건물을 들어올림으로써 지상층 전부를 보행자와 차량(일부)의 공공 영역으로 내어놓는다. 그녀가 즐겨하는 표현대로 동선을 도시적 맥락과 서로 뒤얽히게 만듦으로써 건물과 도시의 상호 연관의 잠재성을 강화한 것이다. 이 개념은 이 건물에서는 특히 중요하다. '자동차의 도시'와 '사람들의 도시'의 분리를 해소하는 상징이 되기 때문이다.

캔틸레버 구조로 건물을 떠 있게 받치는 육중한 기둥들은 동시에 과학센터라는 신세계로 들어가는 문이 된다. 기술과 구조는 공학적 세계의 합리성을 넘어 상징과 비유의 세계로까지 발전한다. 육중한 콘크리트 덩어리는 유선형의 형태와

(위) 파에노 과학센터의 외관 모습, (아래) 캔틸레버 구조로 건물을 떠 있게 받치는 육중한 기둥

떠 있는 모습으로 인해 가볍게 보이기까지 한다.

방문객들은 호기심과 발견의 열망을 갖고 과학센터를 방문한다. 외관에서 드러나지 않는 신비한 내부는 '마법의 상자'로서의 역할을 수행한다. 분화구 같은 낯선 비정형의 세계가 신비하게 펼쳐지기 때문이다. 그 공간 내부에서는 다양한 전시 이벤트가 이뤄진다. 그녀는 드라마틱한 형상에 숨겨져 있는 심도 있는 사회 통합을 위한 탐험을 계속한다. 실험은 새로운 창조를 위해 피할 수 없는 과정이다. 과학도 그러하다. 이러한 실험에 관용을 보이는 사회여야만 새로운 세계를 열어갈 수 있을 것이다.

파에노 과학센터의 스케치

파에노 과학센터의 외관 모습

파에노 과학센터의 내부 모습

파에노 과학센터의 내부 모습

자하 하디드 세 번째 작품
지상에 잠시 정박한 우주선과 같은 아트센터

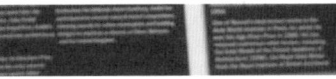

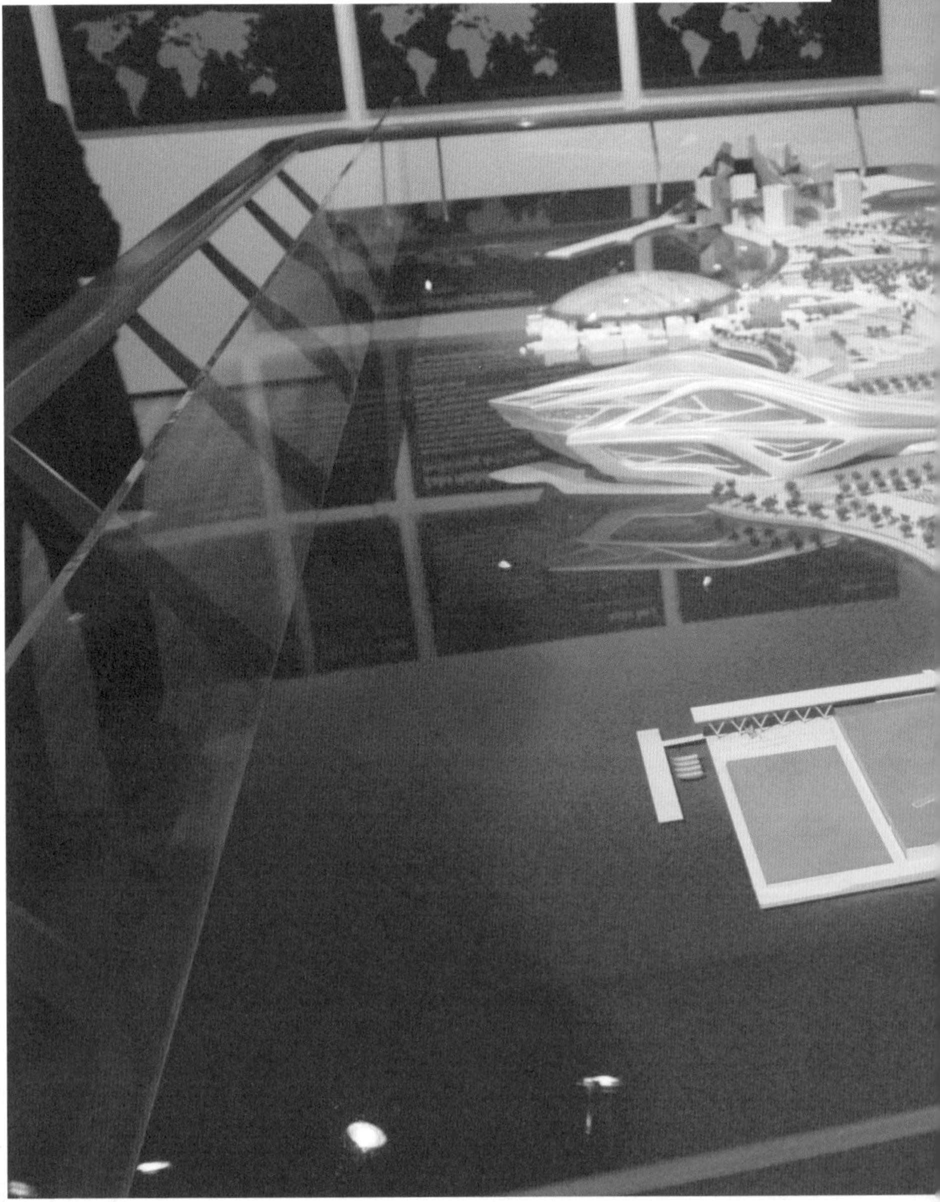

아부다비 공연예술센터 계획안
Abu Dhabi Performing Arts Center

아랍, 에미리트 아부다비, 2007

아부다비 공연예술센터 계획안

아랍, 에미리트 아부다비, 2007

자하 하디드의 우주선은 아랍에미리트연합의 아부다비에도 정박하게 되었다. 경제 개발 중심의 두바이와는 달리 아부다비는 경제와 문화의 조화로운 개발이라는 목표를 가지고 아부다비 인근 페르시아 만에 있는 섬에 '사디야트 아일랜드Saadiyat Island' 프로젝트를 추진하고자 했다. 아부다비 국왕은 여의도의 3배 면적의 사디야트 섬을 개발하여 호텔과 리조트, 15만 명을 수용할 수 있는 고급 맨션과 빌라뿐만 아니라 4개의 대형 미술관과 공연 센터 등이 들어서는 종합 문화 지구를 건설하려는 야심찬 계획을 발표했다.

이 중 가장 스포트라이트를 받은 것은 전 세계에서 가장 유명한 슈퍼 스타 건축가 4명의 문화 시설이었다. 즉 프랭크 게리가 설계한 구겐하임 미술관의 아부다비 분관을 비롯하여 장 누벨 Jean Nouvel이 설계한 루브르 아부다비 박물관(2017년 11월 개관), 안도 다다오의 해양 박물관, 자하 하디드의 아부다비 공연예술센터Abu Dhabi Performing Arts Center가 그것이다.

꿈틀거리며 역동적으로 변화하는 독특한 외관의 이 공연예술센터 계획안은 잠시 정박한 우주선 또는 바다로 뛰어들려는 괴생명체처럼 보인다. 눈에 보이는 현란함과 달리 하디드의 눈에 보이지 않는 사고와 개념은 폭이 넓고도 깊다. 아부다비 문화 지구의 중심축은 중심에 계획 중인 세이크 자이드 국립 박물관에서

(위) 아부다비 공연예술센터의 배치 모형, (아래) 아부다비 공연예술센터의 모형

바다를 향해 뻗어 있는 보행자 통로이다. 도시 전체는 이 보행로와 유기적으로 연계된다. 공연예술센터의 형태는 이러한 상호 작용적인 통행로의 선형 움직임에서 출발하여 점차로 가지가 뻗어나가 성장하는 유기체가 된다.

바다를 향할수록 에너지가 증가하는 듯 높이와 크기, 그리고 복잡성이 증가한다. 5개의 극장(음악당, 공연장, 오페라 하우스, 연극 극장, 6,300석 규모의 다목적 극장)이 입체적으로 결합되어 있다. 이런 역동적이고 유기적인 아이디어는 지면의 조작과 풍경의 조성이라는 개념과도 일치하지만, 공연 센터라는 이곳의 프로그램 – 사람들의 예술적 행위와 움직임을 즐기고 나눈다는 것 – 과도 조화를 이룬다.

무엇보다도 놀라운 것은 무대 뒤로 보이는 바다와 아부다비시의 아스라한 조망이다. 꽉 막힌 일반적인 공연장과 달리 외부의 풍경이, 바다의 풍경이 실내로 들어온다. 이 건축을 통해 도시와 자연이 하나가 되고, 프로그램과 사람이 하나가 되고, 외부 환경과 내부 공간이 하나가 된다.

언젠가 이 공연예술센터 우주선(?)이 지어지면 우리 모두 승선하여 자하 하디드의 운전에 따라 우주로 비행을 떠나보자.

자하 하디드의 여러 금언을 필자 나름대로 정리하며 글을 마무리하고자 한다.

"만일 당신이 스스로 형성한 견고한 기반을 잃어버린다면(놓아버린다면) 당신에게 새로운 세계가 열리기 시작할 것이다."

"건축은 반드시 도전을 내포하고 있어야 한다."

"절대 한계를 설정해서는 안 된다. (그것이 건축이든 인생이든)"

"건축은 인간의 복락을 위한 전제 조건이어야 한다."

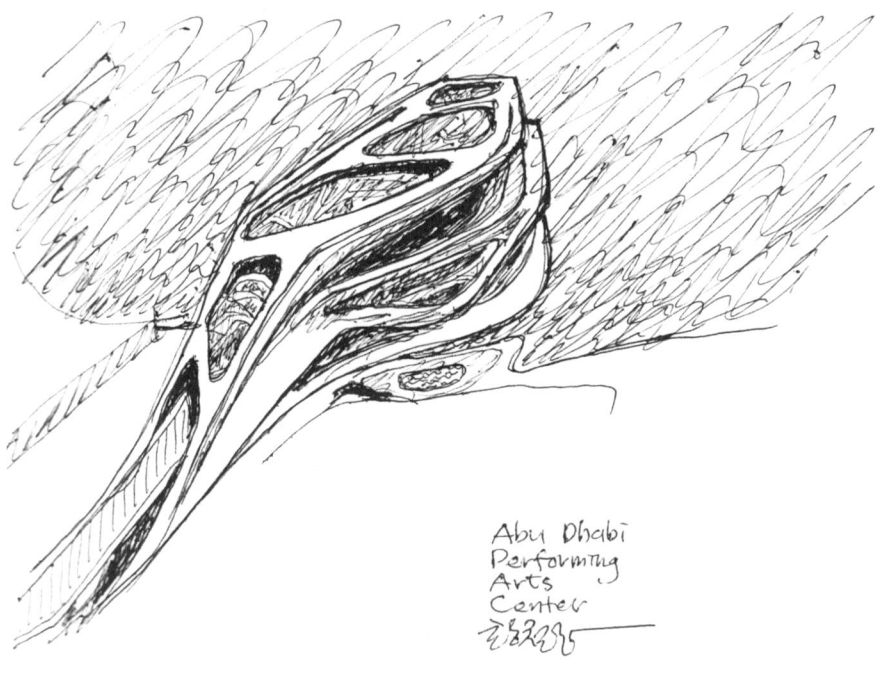

아부다비 공연예술센터의 스케치

이부다비 공연예술센터의 모형

김수근　　　　　　　　1931 – 1986

　　김수근Swoogeun Kim은 1931년에 태어나 55년이라는 그리 길지 않은 인생을 살았지만 현대
건축계에서 한국을 대표하는 건축가로 국내외에 인정받는 뛰어난 작품을 많이 남겼다. 그는
건축 활동 이외에도 한국 최초의 종합 예술지인 공간지를 1966년에 창간한 후 계속 발행했으며,
공간사옥 내에 연극과 각종 공연 등을 할 수 있는 공간 사랑과 각종 전시회를 열 수 있는 공간
화랑을 두어 문화운동을 일으켰다. 일전에 일본 건축가 안도 다다오도 김수근의 이러한 면을 높이
평가하여 일본의 어느 건축가도 김수근과 같은 문화운동을 하지 못했음을 이야기 한 적이 있다.

지역성과 세계성의 조화를 위한 분투

　한국 현대 건축사에서 한국을 대표할 건축가로 인정 받을만한 사람은 누구일까? 동북아시아에 위치한 우리의 지역성과 세계적인 보편성을 동시에 성취할 수 있었던 건축가는 있었던가?
　사람에 따라 차이는 있겠지만 이들 질문에 대답은 거의 한 사람으로 결론지어진다. 김수근(1931-1986) 이 바로 그이다. 55년 이라는 그리 길지 않은 인생동안 김수근만큼 한국 건축계에 큰 족적을 남긴 이도 드물고, 지어진 그의 작품들이 시간을 뛰어넘어 영향력과 에너지를 여전히 유지하고 있는 건축가도 드물 것이다.
　이 땅에서 건축가라는 험난한 길을 걸어가고 있는 사람들 거의 모두에게 나름대로 인연의 자락을 이야기하게 하는 김수근은 1931년에 태어나 55년이라는 그리 길지 않은 인생을 살았지만, 그만큼 한국 건축계에 큰 흔적을 남긴 이도 드물 것이다.

그의 사무소(공간) 출신 건축가들이 현재 중견건축가로 큰 활약을 하고 있는 것도 그의 공이리라. 공간지 및 공간사랑을 통한 많은 문화 활동도 빼놓을 수 없다. 그러나 무엇보다도 김수근이 이룬 성과는 우리네 전통 건축의 미를 현대적으로 재해석하고 재창조하여 작품으로 실현한 데에 있다. 일본에 유학후 꼬리표처럼 따라다니던 일본 건축의 아류라는 매서운 비판을 받았던 그는 이를 오히려 전화위복의 기회로 삼는다. 자신의 표현대로 자동차 몇 대를 거덜 낼 정도의 전통건축 답사와 탐구는 한국을 대표할 건축가로 거듭나는 동력이 되었다. 필자가 이 글을 통해 몇 번이나 주장했지만 건축을 공부하는 데 있어 가장 좋은 것은 건축 작품을 직접 보고 느끼고 스케치하며 연구하고, 울고 웃고 하는 것이다. 머리만이 아니라 발로 공부하는 것이다. 따라서 건축을 공부하고자 하는 자는 고대로부터 근·현대에 이르는 걸작들과 그 땅들을 답사하라. 열린 시대와 열린 세상에서 동서양을 가리지 마라. 무조건 자기의 것만 제일이라는 편협한 민족주의는 지양하고 가슴을 넓게 하라. 그리고 그 답사리스트에는 반드시 김수근의 이름을 적어 넣어라. 우리네 정서와 미감을 담은 지역성과 세계에서 통할 수 있는 보편성을 획득한 그의 작품을 애정 어린 눈으로 보라. 만일 당신이 볼 수 있는 눈을 가지고 있다면 공간사옥에서 대학로 등에서 전통건축미를 현대화하는 단초를 얻을 수 있을 것이다. 김수근 이라는 '번역기'를 통해 재해석된 우리네 전통미학은 신뢰할 만한 것이다. 그는 전술한 데로 혹독한 부여박물관의 왜색시비 논쟁을 딛고 전통건축에 대한 끊임없는 탐구에 몰두한다. 그에게 전통의 문제는 하나의 화두였으며 그의 건축이론의 뿌리가 되었다. 그리하여 한국 현대건축사에서 가장 주목할 만한 수준 높은 성과를 이룩해낸다. 따라서 그대가 이 땅에 태어난 건축학도라면 그가 이룩한 성과를 주목하고, 탐구하라. 그리고 그가 일구어낸 토대를 딛고 한 걸음 더 나아가라. 한 단계 더 나아가라. – 김수근 이후에 한국 건축계에는 누가 있느냐라는 국내외의 질문에 우리는 묵묵부답한지 오래다. – 그렇게 한 걸음씩 한 걸음씩 나아가면, '우물 안 개구리'도 '키 재는 도토리'도 아닌 세계에 당당히 어깨를 견주며 인정을 받는 건축가가 나타나리라.

김수근의 작품세계

　김수근의 작품세계는 시대적으로 세 단계로 나누어도 크게 무리가 없다. 즉 1960년대, 1970년대, 1980년대가 그것이다. 1960년대에 그는 표현적이고 조형적인 건축어휘를 구사하여 국회의사당, 자유센터, 워커힐, 오양빌딩, 구씨 저택 등과 왜색시비 논쟁이 일어났던 부여박물관을 설계하였다. 이 시기에는 강한 이미지로 기념비적인 성격에 알맞은 노출콘크리트를 주재료로 사용하였다.

　1970년대는 김수근만의 것이라고도 일컬을 수 있는 작품세계를 열어간 시기이다. 우리 전통건축이나 전통문화를 소화하여 그가 가지고 있던 조형감각에 적절한 공간 크기와 인간적인 스케일이 어우러지는 수작들을 만들어내었다. 공간사옥, 서울대학교 예술관, 덕성여대 약학관과 가정관, 문예진흥원 극장과 전시장, 샘터사옥, 한국개발공사, 마산 양덕성당, 경동교회, 불광동성당 등이 그것이다. 이 시기에는 주로 벽돌을 섬세하고 세련되게 그리고 인간의 손맛을 느끼게 사용하였다.

　1980년대에는 작고 잘게 잘라져서 연결되는 덩어리들로는 처리하기 쉽지 않은 대형 프로젝트들을 설계하게 된다. 그러나 그의 기본개념을 유지하면서 거대한 덩어리들을 인간적인 스케일로 나누어 건축적 질을 지켜나간다. 라마다 르네상스 호텔, 벽산빌딩, 서울지방법원 청사, 서울 올림픽 주경기장, 체조경기장 등이 그것이다. 이 시기에는 알루미늄 패널 등 새로운 자재와 새로운 기술적 시도를 하였다.

　이 글에서 관심을 갖고 살펴보려고 하는 것은 1970년대 김수근의 건축에 대한 것이다. 그 이유는 전술한 바와 같이 일본 유학 후 귀국 초기의 그는 르 코르뷔지에, 단게 겐죠Tange Kenzo 등의 영향을 강하게 받은 조형적 작품을 설계하였다면 이 시기에는 진정한 의미의 김수근 작품이 나온 것이다. 또한 제대로 소화되지 않고 아쉽게 마무리 된 1980년대의 시기보다는 1970년대의 작품이 김수근의 진면목을 볼 수 있다고 판단하기 때문이다. 70년대의 결과는 김수근 자신도 고백했지만 최순우(전 국립중앙박물관. 1918-1984) 와의 만남에 기인한다. 이는 김수근에게 뿐만 아니라 우리에게도 중요한 의미를 주기에 조금 더 다루어 보고자 한다. 최순우와 김수근의 우연한 만남은 전통건축과 미 그리고 안목에도 지대한 영향을 주는 스승과 제자의 관계로 발전한다. 이는 김수근의 고백에도 잘 나타나 있다.

　"나중에 선생은 나에게 부여박물관의 설계를 맡겨 주셨고, 나는 이 일을 계기로 하루 이틀이 멀다하고 자주 뵙게 되었다. 주말마다 지방에 함께 답사여행을 했다. 일본에서 공부한 탓에 너무나 한국에 어두웠던 젊은 건축가에게 한국의 미를 손수 가르쳐 주시기 시작한 것이다. 어떤 의미로는 나를 한국의 건축가로 이끌어 주신 분이 선생이라 하겠다. 만일에 최순우 선생을 못 만났더라면 한국의 미를 잘 이해하지 못하는 건축가 또는 건축기술자, 일반설계자로서 머물렀을 것이 틀림없다."

　스승과 제자는 함께 민가를 답사하고 초가를 실측했으며, 전국의 사찰을 누비고 다녔다. 최순우가 김수근을 데리고 다니면서 교육하는 방법은 독특했다. '무엇이든 강요하지 않고, 힘주지 않으며 온화하고 소박하며 자기가 아는 것을 뽐내지 않고 상대가 스스로 깨닫도록'한 것이다. 별다른 설명도 구체적인 지적도 하지 않으면서 김수근의 눈을 키워주려고 한 것이다. 이것은 마치 물이 서서히 끓기 시작하여 100°C가 되었을 때 액체가 기체가 되는 것과 같은 과정이었다. 이러한 과정을 통하여 김수근은 자신의 디자인 원리와 사고를 정리한다. 그것은 크게 다음의 3가지로 정리할 수 있다.

김수근의 건축 사상 그리고 디테일

첫째, 물질문명의 발달과 자본주의의 팽창이 인간성의 상실과 환경파괴를 초래하였다면 자연과 환경의 요구에 조화를 이루는 절제와 소박을 주장하는 네거티비즘Negativism을 추구하고, 둘째, 인간적인 스케일과 적절한 크기의 공간과 형태를 지향하는 자갈리즘Zagalism을 지향했으며, 셋째, 기능이나 효율만을 위한 것에서 벗어나 인간성을 유지하고 회복하기 위한 여유로운 공간인 궁극공간Ultimate Space – 우리의 전통건축에 있는 문방(文房), 대청, 마당 등을 정의내리고 현대화하여 추구하고자하였다.– 이 그것이다.

이를 구체적으로 살펴보면, 네거티비즘은 물질문명의 발달과 더불어 팽창해가는 물량주의에 대한 의문에서 시작된다. 이는 과거 우리나라에 있었던 도교, 불교, 유교 등 종교와 생활 전반에 깔려 있었던 사상으로 인간성의 상실과 환경의 파괴를 초래하는 팽창주의가 아닌 자연과 환경의 요구에 조화를 이루는 절제와 소박의 건축 정신이며 공간 개념이다. 서양이 긍정적 세계관을 발전시켜 무엇을 만들어 솔리드solid한 건축 세계를 구축했다면 네거티비즘은 비움void과 조화의 가치를 다시 회복하는 개념이라고 볼 수 있다. 그는 한국성 즉 전통성을 형태의 모방으로보지 않고 에너지와 생명력의 전승과 유지로 보았다. 이는 매우 탁월한 시각이고 선구자적인 자세였다. 그가 찾아낸 네거티비즘이야말로 우리 전통미학의 핵심개념이자 멋의 근원으로 볼 수 있을 것이다.

자갈리즘은 '자갈자갈하다'라는 우리나라 말에서 나온 것으로 비인간적이고 거대한 형태와 공간을 휴먼 스케일에 맞게 – 자갈자갈하게 – 나눠주고 그것을 다시 통합하는 것을 의미한다. 이것은 개별요소로서도 그러하지만 배경이 되는 더 큰 자연과 세상과의 조화에 있어서도 그러하다. 자갈리즘의 건축은 때로 그 개념에 빠져버려 형태적인 작위에 빠진 경우도 일부 있었지만 건축의 형태, 공간에서 디테일에 이르기까지 성공적으로 이루어진 경우에는 그 건물을 이용하는 사람에게 친밀감을 주고, 인간성 회복까지도 이루게 하고 있다.

궁극공간은 기능에 따른 공간을 넘어선 제 3의 공간 창출을 의미한다. 이는 사색을 위한 공간이며, 비생산적 공간이며, 해프닝이 있는 공간이다. 그는 이 궁극적인 공간의 사례로 조선시대의 문방(文房)을 예로 들었다. 문방은 사랑방과는 달리 교류를 위한 공간이 아니라 사색과 창조의 공간이다. 문방은 크지 않으며, 인간 척도를 고려한 스케일이며, 그 속의 디자인은 소박하고 단순하다. 여기에는 마당과 마루도 해당이 된다. 다목적이면서도 무목적인 비움과 조화의 공간인 마당과 마루는 기능적이고 목적적인 방들과는 다른 여유와 멋을 창조하는 것이다. 이런 전통의 에너지와 생명력의 현대화가 김수근의 건축 창조의 과제였고, 이를 성공적으로 성취해낸 드문 사례가 김수근의 건축이다.

이러한 건축사고의 정립과 더불어 김수근의 건축에 새롭게 등장하는 것이 벽돌이라는 재료다. 이는 전통건축에 나타나는 목재와 흙 등의 자연미를 벽돌을 통해 재료의 물성이 자연스럽게 드러내고자 한 것이다. 김수근은 말한다.

"나는 전(塼)이라고 불리는 전통 벽돌에 많은 영향을 받았다. 나는 벽돌이 많은 사람들에 의해 쉽게 취급될 수 있는 무언가를 상징한다고 생각한다. 그리고 벽돌이 지니고 있는 조소성을 지적하고 싶다. 우리는 벽돌을 한 장 한 장 손으로 쌓아야만 하고, 이것은 나에게 무한히 인간화되는 과정을 상징화하고 있다."

"벽돌은 한국에서 구하기가 용이하고 또한 벽돌의 거친 텍스쳐가 한국인의 기호에 맞아 떨어진다."

따라서 전통의 조형의식과 풍토성에 적합한 재료인 벽돌이 70년대의 김수근의 주 언어가 되었다. 그러나 여기에서 한 가지 잊지말아야할 것은 그에게 있어 대부분의 건물에 사용된 벽돌은 구조재가 아니라 마감재라는 것이다. 즉 철근 콘크리트 라멘조에 치장벽돌을 쌓는 방식이다. 그는 구조와 기능이 외관에서 정직히 표현되어야 한다는 근대건축의 원칙을 중요하게 여기지 않았다. 오히려 외장재는 건물의 피부라는 개념을 선호하였다. 구조체는 건물을 지탱하기 위해 존재하는 것이고, 인간이 실제로 건물에서 느끼는 부분은 건물의 피부 – 껍데기인 것이다. 그리하여 김수근은 구조에서 자유로운 벽돌을 사용하여 다양한 의장효과와 상당한 미감의 디테일을 창조해낸다. 개구부에서 벽돌을 한 켜씩 들여 쌓으면서 얻는 개구부의 깊이감과 반 장 크기로 벽돌을 내 쌓아서 얻는 반사되는 빛과 스며드는 그림자의 대비, 벽돌 줄눈 처리에 따른 미감 변화의 차이 추구, 마산 양덕성당과 경동교회에서 보여 준 벽돌의 잘라진 면의 거친 질감의 사용, 벽돌로 만들어내는 띠와 그 위를 감싸는 담쟁이덩굴 등 창의적이면서도 인간성이 넘치는 벽돌의 디테일을 만들었다. 기존의 벽돌의 사용법에서는 숨겨진 또 다른 의미와 가치가 구현됐다. 그것은 재료를 사랑하는, 그 가치를 존중하는 건축가를 통해서만 가능한 일이다.

이런 지식을 가지고 김수근의 건축을 향해 그랜드 투어를 떠나보자.

김수근 첫 번째 작품

김수근 종교건축의 백미

경동교회
Kyungdong Church

대한한국, 서울, 1981

경동교회

대한한국, 서울, 1981

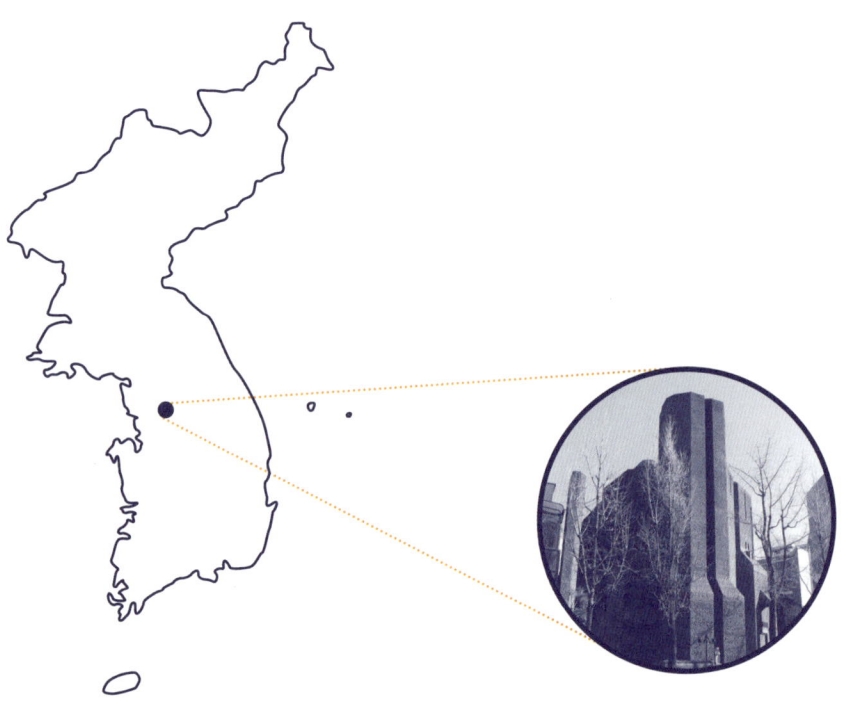

Information

중구 장충단로204
04614 서울특별시
(37.56307°N 127.00719°E)

TEL: +82.02.2274.0161
WEB: www.kdchurch.or.kr
정보: COVID-19로 인해 폐쇄 여부 확인 필요.

김수근 Swoogeun Kim

김수근이 설계한 3대 종교건축물인 마산 양덕성당(1979)과 불광동성당(1985)중 가장 백미인 건축이 1981년에 지어진 장충동 경동교회이다. 마산 양덕성당이 매스의 육중하면서도 순수한 형태미가 돋보이는 초기의 수작이라면 경동교회는 종교적으로 풍부한 상징성, 형태의 조형적 구성 및 분절의 적절함, 동선의 구성과 내외부 공간의 조화, 빛의 극적 사용과 벽돌의 창의적인 사용 등 모든 층위에서 완숙한 솜씨를 보여주고 있다.

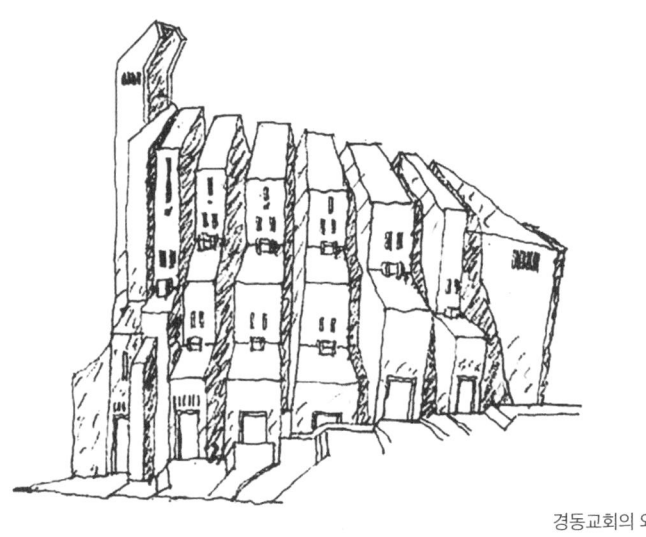

경동교회의 외관 스케치

도로 건너편에서 바라다 본 경동교회의 모습

먼저, 다양한 해석이 가능한 상징적인 형태가 성공적으로 설계되어 있다. 일본의 건축잡지인『니케이 아키텍쳐Nikkei architecture』는 이 교회를 향해 "합장할 때 손의 모양으로 보는 사람도 있고, 유럽의 고성을 연상하는 사람도 있고, 혹은 노아의 방주와 같은 신성한 이미지를 포함하기도 하고, 남자 성기와 같은 음란한 이미지를 주기도 한다."고 평가한바 있다. 세상을 위해 기도하는 손을 형상화했다는 교회의 설명대로 적절한 분절과 상승감을 고양시키도록 상층으로 갈수록 적절히 후퇴set back하고 열린 지붕 마당(예배) 공간을 안쪽 사선으로 꺾은 외관 조형 디자인은 탁월하다. 외벽을 구성하는 깨진 벽돌의 거친 미감의 창의적 사용은 고통받은 자들을 향해 조응하는 종교적 상징으로 충분히 설득이 된다. 도시의 소음을 멀리하여 긴 이동 동선을 통해 돌아가서 들어가는 과정적 전이공간과 이후 맞이하는 주출입구의 구성은 건축적 산책로가 가능한 대담한 구성이며 부활을 향한 골고다 언덕길을 형상화했다는 종교적 해석에도 안성맞춤이다.

(왼) 경동교회의 외관, (오) 경동교회의 진입공간

본당 내부는 기독교 초기의 지하묘지 교회인 카타콤Catacomb을 연상시키는 어두운 공간에 노출 콘크리트 마감으로 되어 있다. 이는 김수근이 추구하는 어머니의 자궁공간 이미지의 성취로도 해석가능하다. 강단 위 17m 높이의 천창에서 내려오는 절제된 빛이 십자가를 비출 때 이곳은 일반 건축물이 아니라 성스러운 종교건축이 된다. 건축이 단지 인간의 목적을 수행하는 기능물만이 아니라 침묵과 빛의 상징물이 될 수도 있음을 보여준다. 옥상에는 다양한 행사가 가능한 하늘로 향해 열린 마당(열린 교회)이 있었다. 이곳에는 자연이 빛이 바람이 별이 내려올 수 있다.(현재는 지붕을 막아 실내화함으로써 원래의 개념이 아쉽게 사라졌다. 다행히 2025년까지 다시 철거하여 원상을 회복할 예정이라는 소식이다.) 건축주였던 고(故) 강원룡 목사는 이를 두고 "인간과 하나님, 인간과 인간, 그리고 인간과 자연의 관계와 아울러 전피조물과 함께 드리는 예배와 축제를 뜻한다."고 해석 했다. 가히 현대 한국 종교 건축의 귀한 사례가 아닐 수 없다.

김수근 두 번째 작품
자갈리즘의 실천을 통한 문화명소

문예회관 극장
Arko & Daehakro Arts Theater
(후에 아르코 예술극장으로 변경)

대한한국, 서울, 1977

문예회관 극장 아르코 예술극장

대한한국, 서울, 1977

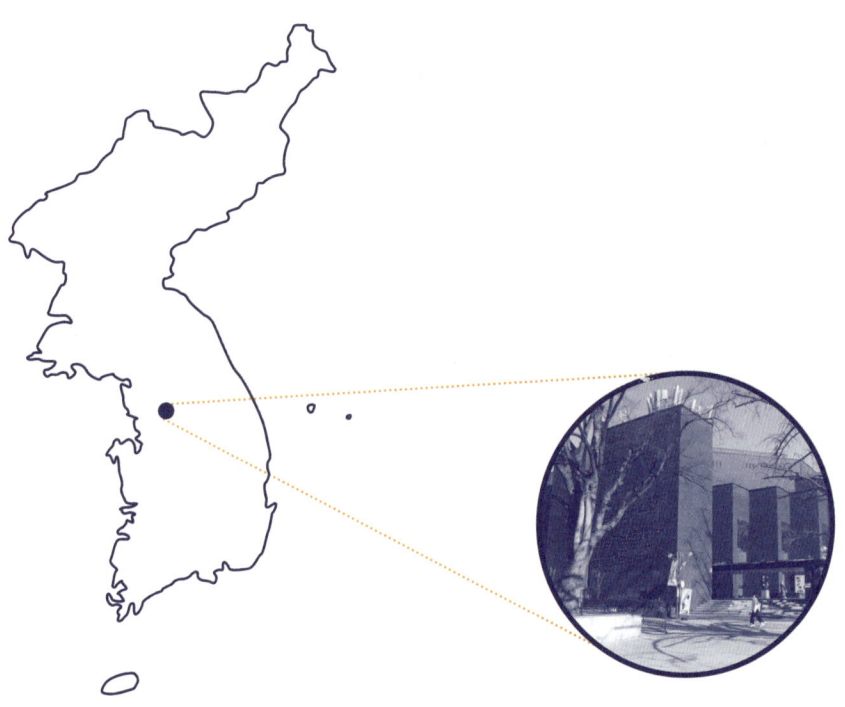

Information

서울 종로구 대학로8길 7
03086 서울특별시
(37.58117°N 127.00295°E)

TEL: +82.02.3668.0007
WEB: www.theater.arko.or.kr
정보: COVID-19로 인해 폐쇄 여부 확인 필요.
홈페이지를 통해 공연장 별 도면 PDF 다운로드 가능.

김수근이 문예회관 극장과 미술관의 설계에 참여하게 된 것은 이곳에 땅을 소유하고 있었기 때문이었다. 이 대지를 포함한 마로니에 공원 전체에 문화 명소를 만들 것을 문예진흥원에 제안하여 이 프로젝트가 이루어졌다.

먼저 살펴볼 문예회관 극장은 출입구가 매우 인상적이다. 김수근은 "멀리서 건물을 보았을 때 입구가 지각되지 않으면 실패한 건물이다."라고 이야기한 대표적인 사례 중의 하나가 문예회관 극장이다. 매우 매스감이 느껴지는 벽돌벽이 솔리드solid하게 구성되어 있는 극장에 보이드void 공간을 내포한 긴 캐노피가 전면으로 쭉 내밀어져 있어서 대조미를 추구하며 방문객의 첫 인상을 자극한다.

문예회관 극장의 외관 스케치

문예회관 극장의 모습

전술한 극장의 외향은 벽돌로 이루어진 기하학적 구성이 매우 단단하지만 육중하게 느껴지지 않는 것은 인간적인 척도human scale를 느낄 수 있는 다양한 크기로 분절되어 있기 때문이다. 그 크기가 매우 적절하면서도 조화로워 리듬감을 주고 각 매스를 분절하는 홈과 개구부의 들여쌓는 벽돌 디테일은 햇빛을 받아들이며 그림자를 형성하여 그 분절미를 극대화한다. 개구부의 벽돌 디테일 디자인을 구체적으로 살펴보면, 김수근의 개구부 디테일은 시각적인 즐거움과 벽돌의 속성을 잘 살린 디자인이다. 그 개구부가 창이든, 출입구이든, 그냥 열린 개구부이든 기존의 얇은 벽돌 벽이 아니라 벽돌의 여러 켜를 내밀고, 들여쌓을 수 있는 두께를 가지고 있다. 다소 공간을 사용하더라도 벽면의 두께를 확보하여 건물의 깊이와 표정을 만들어 냈다. 평면 및 입면 상세도 스케치를 보면 내·외부에 여러 켜를 들여쌓기 위해 1m가 넘는 두께의 벽을 제공하고 벽돌크기를 기준으로 몇 켜의 변화를 줌으로써 시각적 경쾌함과 인간적인 척도감을 주고 있다.

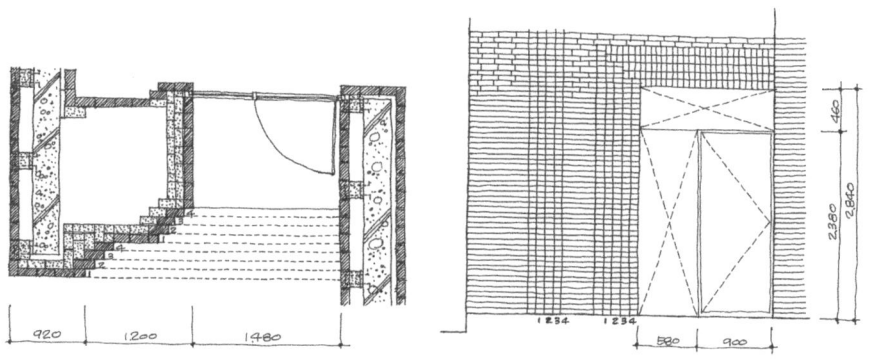

(왼) 개구부 디테일 평면 상세 스케치, (오) 개구부 디테일 입면 상세 스케치

기능을 위해 높이 솟은 후면 무대타워의 벽돌벽의 매스감이 전면의 분절된
벽돌벽과 더욱 안성맞춤으로 결합되어 있다. 모든 구성이 김수근이 추구했던
자갈리즘이 성공적으로 이루어진 작품이 아닐 수 없다. 내부로 들어가면 외부의
재료인 벽돌이 내부까지 이어져 도시의 내외부를 통합하며 천정의 노출 콘크리트
와플구조와 더불어 리듬감을 배가 시킨다. 저층부에 뚫려 있는 개구부를 통해
홀과 복도에서 외부를 바라보면 대학로의 풍경과 햇살이 그대로 들어온다.
마로니에 공원이 건물내부까지 확장되는 것이다. 극장 내부는 700석의 규모와는
어울리지 않게 편안하고 비권위적이다. 영국 국립극장의 올리버 씨어터를 많이
참조하여 객석의 경사도를 상대적으로 급하게 처리함으로써 객석과 극장이
일치하도록 설계한 것이 그 이유이다. 이 건축에서 건축의 형태, 공간, 기능, 재료,
디테일 등 모든 층위에서 성공적 조화를 이룬 김수근의 능숙한 솜씨를 볼 수 있다.

김수근 세 번째 작품
전통건축의 미학을 구현한 문화명소

문예회관 미술관
Arko Arts Center
(후에 아르코 미술관으로 변경)

대한한국, 서울, 1977

문예회관 미술관 아르코 미술관

대한한국, 서울, 1977

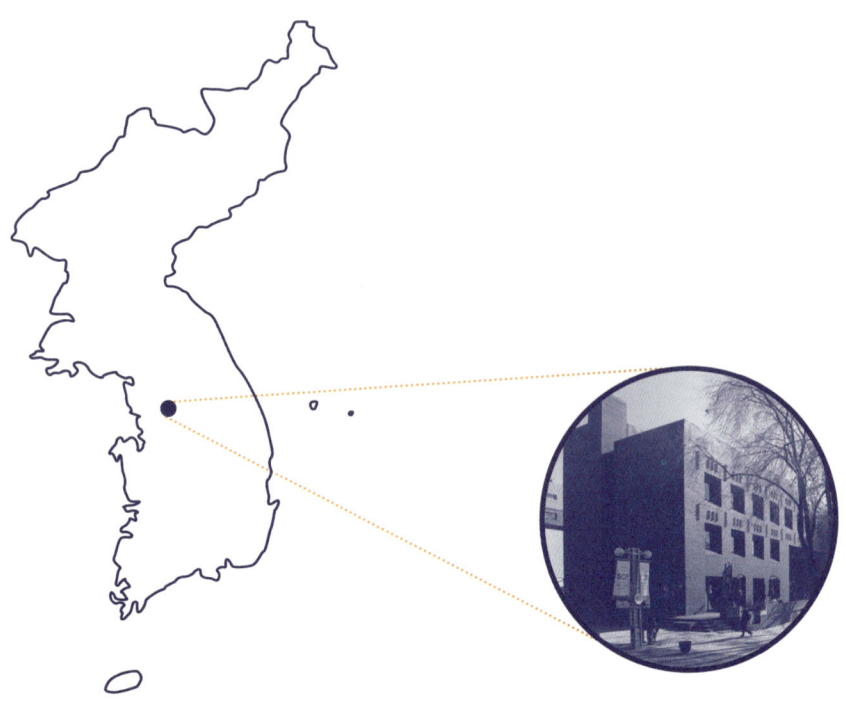

Information

종로구 이화동 동숭길 3
04614 서울특별시
(37.58044°N 127.00319°E)

TEL: +82.02.760.4850
WEB: www.arko.or.kr
정보: 입장 시, COVID-19로 인한 방역패스 제시 필요.

김수근 Swoogeun Kim

대학로의 문화명소를 만들기 위해 문예회관 미술관에서 김수근이 추구했던
것은 어린시철 북촌의 길에서 경험했던 골목길의 회복이었다. 그에게 길이란
"집과 집 사이, 건물 사이의 공간들로 구성되어 도시의 거실이요, 놀이터요, 여러
가지 삶의 모습이 연출되는 무대"였던 것이다. 그는 이와 유사한 것으로 전통
건축의 마당과 누마루와 대청 등의 매개공간에 주목하고 이를 현대화하려고
노력한다. 이 미술관에서(또한 대학로의 샘터사에서) 그가 심혈을 기울인 것은 1층의
중심부를 필로티로 계획해 열린 마당 공간을 만듦으로써 마로니에 공원과 낙산
쪽의 주거지와 서로 연결하고 소통시켜 새로운 골목길이자 다목적 빈 공간을
삽입해 도시에 연속성을 부여한 것이다. 문화공간이 폐쇄되고 고립된 것이
아니라 사람들의 문화와 접촉하여 더욱 문화 활동이 증폭되는 촉매이자 활동
유발체Generater로 역할을 하도록 창조한 것이다. 전시장으로의 이동 동선도 같은
개념이 확장되어 있다. 층고가 높은 전시공간은 2개층 구성으로 레스토랑과
사무공간은 3개층 구성으로 좌우에 배치하고, 가운데를 연결 공간인 계단과
라운지 등 다목적 매개공간으로 결합하고 있다. 방문객은 이곳을 통해 이동하면서
내부에서 외부(마로니에 공원 및 낙산쪽 주거지)를 조망하는 관조자가 된다. 가히
골목길과 마당과 대청마루를 현대화한 성공적 성취라 할 수 있다.

문예회관 미술관의 외관 모습

    이 미술관에서 김수근은 다양한 벽돌 디자인 디테일을 능수능란하게 구사한다. 개구부는 여러 켜를 한 켜씩 들여쌓아 평면적인 입면에 입체적 깊이감을 부여했다면 외벽에는 벽돌을 반장씩 내쌓으며 변화를 추구한다. 평평한 벽면에 반 장 크기의 벽돌을 가로방향, 세로방향으로 돌출시킨 것은 커다란 벽면의 단조로움을 없애고 시각적인 즐거움을 부여한다. 햇빛을 반사하며 드러난 벽돌과 그로 인해 태어난 그림자의 미묘한 변화는 주변의 표정 없는 벽돌집과 선명한 대비를 이룬다.

    외벽에서 반 장 크기로 돌출시키는 방법도 크게 두 가지로 대별된다. 외벽입면도 스케치에서 나타나듯이 비교적 규칙적으로 디자인된 것과 외벽 입면상세도

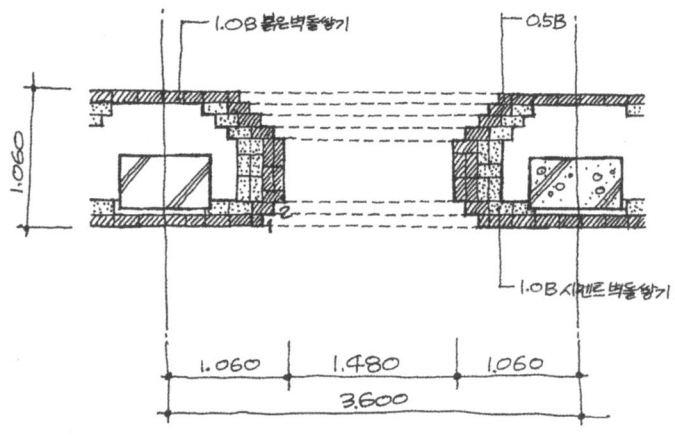

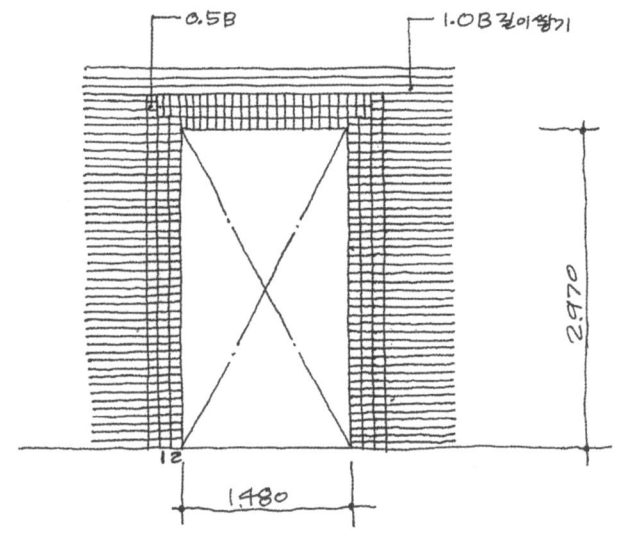

(위) 개구부 디테일 평면 상세 스케치, (아래) 개구부 디테일 입면 상세 스케치

문예회관 미술관

스케치에서 보여주듯 일견 불규칙하게 디자인된 것이 그 것이다. 특히 후자의 것은 무작위로 불규칙하게 돋아 나왔지만 자연스러우면서도 무질서하지 않은 우리네 정서를 담은, 마치 설치예술로도 읽혀진다. 외벽과 같은 재료로 무심한 듯 나와 있는 벽돌이지만 그 뒤에는 축척 1/20의 상세도로 꼼꼼히 디테일을 디자인하는 김수근의 치밀한 완벽주의와 시간을 관통하는 안목이 숨겨져 있다.

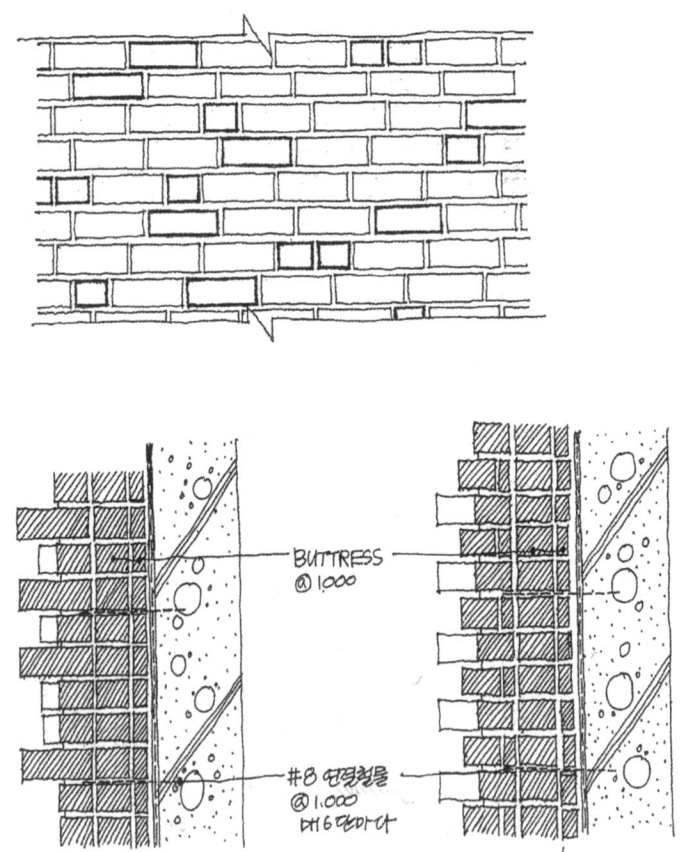

(위) 외벽 디테일 입면 상세 스케치, (아래) 외벽 디테일 단면 상세 스케치

(위) 문예회관 미술관 중심부 필로티, (아래) 문예회관 미술관 라운지에서 내려다본 외부 모습

문예회관 미술관의 외벽

컴퓨터가 크게 사용되지 않았던 1970년대 후반에 이런 −최근에 유행하는− 비정형 무작위성의 현대적 패턴 디자인을 완성했다는 것은 김수근의 천재성과 시대를 앞서간 전위성을 여실히 보여주는 뛰어난 사례이다.

김수근의 업적을 필자는 크게 세 가지로 보고 싶다.

첫째, 현대 건축계에서 한국을 대표하는 건축가로 국내외에 인정받는 뛰어난 작품을 많이 남겼다. 그것은 단순히 뛰어난 것이 아니라 세계에서 통할 수 있는 보편성과 우리의 정서와 미감을 담은 지역성을 함께 많은 작품에 담아 성공적으로 이뤄낸 것이다. 그는 혹독한 부여 박물관의 왜색시비 논쟁을 딛고 전통 건축에 대한 끊임없는 탐구에 몰두한다. 그에게 전통의 문제는 꼭 지나가야 하는 통과의례와도 같은 것이었고, 그리하여 현대 한국 건축사에서 가장 주목할 만한 수준 높은 성과를 이룩해낸다. (그의 대표작으로는 공간사옥, 마산 양덕 성당, 문예회관 미술관, 문예회관 극장, 샘터사옥, 경동교회, 올림픽 주경기장 등이 있다)

둘째, 그는 건축 활동 이외에도 한국 최초의 종합 예술지인 공간지를 1966년에 창간한 후 계속 발행하였으며, 공간사옥 내에 연극과 각종 공연 등을 할 수 있는 공간 사랑과 각종 전시회를 열 수 있는 공간 화랑을 두어 문화운동을 일으켰다. 그래서 그는 건축가로서 뿐만 아니라 건축을 중심으로 다양한 문화 활동을 펼친 한국의 대표적 문화운동가로 평가 받고 있다. 일전에 일본 건축가 안도 다다오도 김수근의 이러한 면을 높이 평가하여 일본의 어느 건축가도 김수근과 같은 문화운동을 하지 못했음을 이야기 한 적이 있다.

셋째, 현재 한국 건축계를 이끌어 가는 많은 중견 건축가를 배출한 것이다. 공간 출신 건축가의 대다수가 김수근을 선생이요 스승으로 여기고 있다는 고백은 그가 후학을 양성하는 능력을 가지고 있고 또한, 그러한 노력을 하였다는 것을 반증하는 것이다. 비교적 일찍 생을 마감하였지만, 많은 후배 건축가를 배출함으로써 그의 사후가 더 빛난다고 보고 싶다.

이런 김수근의 뒤를 이어 미래의 한국을 대표할 건축가는 누구인가? 이 글을 읽는 당신이 준비할 차례이다.

감사의 말

성경에 보면 '항상 기뻐하라, 쉬지 말고 기도하라, 범사에 감사하라' 란 말씀이 있습니다. 쉽지 않지만 항상 감사하는 삶을 살고 싶었는데, 이렇게 감사의 글을 쓸 수 있게 되니 참으로 기쁩니다. 짧은 지식과 연약해진 무릎을 이끌며 이 글을 쓰기까진 진정 감사를 드리고 싶은 분들이 많이 있습니다.

건축가로 성장할 수 있게 많은 가르침을 주신 이강헌 교수님, 김성우 교수님, 고(故) 송종석 교수님, 학문에 새로운 시각을 열어주신 김광현 교수님, 김봉렬 교수님, 김홍규 교수님, 이현수 교수님, 진희선 교수님, 신동철 교수님, 신석균 교수님, 이형재 교수님, 이영일 교수님, 동정근 교수님, 최문규 교수님, 김광호 교수님, 김종진 교수님, 좋은 경험을 가능케 해주셨던 김종성 교수님, 조성룡 소장님, 이필훈 소장님, 함인선 소장님, 민선주 교수님, 아리 그라프란드 교수님, 챨스 리 소장님, 김민식 고문님, 김형국 목사님, 신지웅 소장님, 김경자 학장님, 실무의 지식을 가르쳐 주셨던 유갑형 선배님, 차주재 선배님, 이동석 선배님, 남기홍 선배님께 감사드립니다.

오랫동안 근무했던 정림건축/dmp건축의 고(故) 김정철 회장님, 김정식 회장님, 문진호 사장님, 박승홍 사장님께 특별히 감사드립니다. 현재 몸담고 있는 에이프러스씨엠 건축의 이택준 대표님과 이의영 총괄사장님 그리고 일일이 이름을 댈 수 없는 에이프러스씨엠의 식구들과 건축계의 선배, 동기, 후배들께 감사드립니다.

어려운 시기에 책을 출간시켜주신 도서출판 아키랩의 조배연 대표님, 정순안 이사님께 감사드립니다. 또한 책을 완성시켜주신 마실와이드의 김명규 사장님, 고현경 기자님, 김찬양 디자이너님 그리고 수고한 모든 마실와이드 직원께도 감사드립니다.

부족한 아들을 사랑하시며 아껴주시는 소중한 부모님과 동생 은미 가족, 기도로 지원해주시는 장인어른과 장모님께도 감사드립니다.

그리고 사랑하는 아내 혜경, 딸 인애, 아들 인수에 대한 고마움은 말로 다 할 수 없습니다.

그들의 사랑, 인내, 기도가 이 책을 쓸 수 있었던 힘이었습니다.

마지막으로 이 글을 읽는 분들은 제가 누구에게 감사를 드리고 싶은지 아실 겁니다. 나를 창조하시고 살리시고 변화시킨 그 분, 그 분께 이 자그마한 열매를 드립니다.

어느 추운 날, 답사 여행을 하고 돌아오는 비행기에서 시린 손을 매만지며 쓴 짧은 글을 옮겨 봅니다.

답사란, 여행이란

인생과 같다

삶과 같다

처음이 있고

끝이 있다

설렘과 아쉬움

기쁨과 피로가 교직을 한다

여우비와 싸락눈

그리움과 한숨이 나이테가 된다

언제나

한 번의 답사와

한 번의 인생에서

무언가

배우지 않은 것은 없다

함께 읽으면 좋은 책

르 코르뷔지에 Le Corbusier

- 『Le Corbusier: Les Voyages d'Allemagne, Carnets (5 Volume Set)』 (Le Corbusier, The Monacelli Press, 1995.)
- 『CASA BRUTUS, 2006 Featuring Le Corbusier Frank Lloyd Wright』 (2002.12.10.)
- 『The Le Corbusier Guide ; elsevier』 (Deborah Gans, 1983.7.1.)
- 『Le Corbusier Le Grand』 (Phaidon Press Editors, 2008.7.29.)

프랭크 로이드 라이트 Frank Lloyd Wright

- 『CASA BRUTUS, 2006 Featuring Le Corbusier Frank Lloyd Wright』 (2002.12.10.)
- 『Finding the Wright Places in California and Arizona: A Book for Frank Lloyd Wright Fans』 (Henry J. Michel, Michel Pub Services, 2000.10.1.)
- 『Frank Lloyd Wright Master Builder』 (Bruce Brooks Pfeiffer, Universe Publishing(NY), 1997.10.15.)
- 『50 Lessons to Learn from Frank Lloyd Wright』 (Aaron Betsky, Gideon Fink Shapiro, Rizzoli International Publications, 2021.4.13.)

미스 반 데어 로에 Mies van der Rohe

- 『CASA BRUTUS, 2006 Featuring Le Corbusier Frank Lloyd Wright』 (2002.12.10.)
- 『Mies Van Der Rohe Space - Material - Detail』 (Edgar Stach, Birkhauser, 2017.10.10.)
- 『Mies Van Der Rohe the Built Work』 (Carsten Krohn, Birkhauser, 2014.6.16.)

알바 알토 Alvar Aalto

- 『Helsinki an Architectural Guide』 (Ulf Meyer, DOM Publishers, 2013.2.28.)
- 『The Alvar Aalto Guide』 (Michael Trencher, Princeton Architectural Press, 1997.12.1.)
- 『Alvar Aalto』 (Richard Weston, Phaidon Press, 1997.11.9.)

안토니오 가우디 Antoni Gaudí

- 『CASA BRUTUS, Extra issue THE GAUDI PILGRIMAGE with Takehiko Inoue』 (2015.)
- 『Mapeasy's Guidemap To Barcelona』 (MapEasy, 2008.1.1.)
- 『Antonio Gaudí: Master Architect』 (Juan Bassegoda Nonell, Abbeville Press, 2000.4.1.)

루이스 칸 Louis Kahn

- 『Louis I. Kahn: Writings, Lectures, Interviews』 (Rizzoli, Rizzoli, 1991.10.15.)
- 『THE PAINTINGS AND SKETCHES OF LOUIS I. KAHN』 (Jan Hochstim, Rizzoli, 1991.10.15.)
- 『Louis I. Kahn - Silence and Light; The Lecture at Eth Zurich』 (Alessandro Vassella , Park Publishing, 2013.5.15.)
- 영화 <My Architect –A Son's Journey> (Nathaniel Kahn, 2003.)

카를로 스카르파 Carlo Scarpa

- 『Carlo Scarpa: an Architectural Guide (Itineraries)』(Sergio Los, Arsenale Editrice, 2006.7.31.)
- 『Carlo Scarpa: Architecture in Detail's』(Bianca Albertini, The MIT Press, 1988.11.21.)
- 『Carlo Scarpa: Architecture and Design』(Guido Beltramini, Rizzoli, 2007.2.13.)
- 『VERONA: ART, HISTORY, CULTURE (Illustrated Guide With Map)』(MARIA PIA GIROLAMI)

이오 밍 페이 Ieoh Ming Pei

- 『I.M. Pei: A Profile in American Architecture』(Carter Wiseman, Harry N. Abrams, 1990.9.1.)
- 『I.M. Pei: Complete Works』(Philip Jodidio and Janet Adams Strong, Rizzoli, 2008.11.4.)
- 『I. M. Pei: The Louvre Pyramid』(Philip Jodidio, Prestel, 2009.)
- 영화 <The Museum on the Mountain> (Peter Rosen, 1998.)

헤리트 리트벨트 Gerrit Rietveld

- 『Rietveld in Utrecht: Burg, Straat, Kade, Gracht, Laan』(Ida van Zijl, Utrecht: Centaa Museum, 2001.1.1.)
- 『The Ideal as Art: De Stijl 1917-1931』(Carsten Peter, Warncke, Benedikt Taschen, 1991.)
- 『Gerrit Rietveld』(Ida Zijl and Centraal Museum, Phaidon Press, 2016.10.17.)
- 『Rietveld's Chair』(Gerrit Rietveld and Marijke Kuper, nai010 publishers, 2013.2.28.)

발크리쉬나 도쉬 Balkrishna Doshi

- 『The Guide to the Architecture of the Indian Subcontinent』(Takeo Kamiya, Architecture Autonomous, 2005.12.1.)
- 『Mughal India (Architectural Guides for Travellers)』(G.H.R. Tillotson, Viking Penguin, 1990.1.1.)
- 『Balkrishna Doshi: An Architecture for India』(William J. R. Curtis, 1988.)
- 『Balkrishna Doshi Architecture for the People』(Mateo Kries, Jolanthe Kugler, Vitra Design Museum, 2019.5.21.)
- 『Balkrishna Doshi Writings on Architecture & Identity』(Balkrishna Doshi, Simone Vera Bader, Architangle, 2020.11.3.)

알도 로시 Aldo Rossi

- 『도시의 건축』 (Aldo Rossi, 동녘, 2006.)
- 『Aldo Rossi: The Sketchbooks 1990-97』 (Paolo Portoghesi, Michele Tadini, Massimo Scheurer and Aldo Rossi, Thames & Hudson, 2000.10.1.)
- 『Aldo Rossi and the Spirit of Architecture』 (Diane Ghirardo, Yale University Press, 2019.5.28.)
- 『Aldo Rossi The Urban Fact: A Reference Book on Aldo Rossi』 (Aldo Rossi, Kersten Geers, Jelena Pancevac, Walther Konig Verlag, 2021.11.9.)

자하 하디드 Zaha Hadid

- 『Zaha Hadid: Architecture』 (Andreas Ruby, Patrik Schumacher, Peter Noever, Hatje Cantz Publishers, 2003.8.2.)
- 『Zaha Hadid Architects: Redefining Architecture and Design』 (Zaha Hadid Architects, Images Publishing Dist Ac, 2017.7.28.)
- 『The Complete Zaha Hadid』 (Aaron Betsky, Thames & Hudson, 2018.1.23.)
- 『HADID. COMPLETE WORKS 1979-2009. El Precio Es En Dolares』 (Philip Jodidio, LTC, 2009.1.1.)

김수근 Swoogeun Kim

- 『좋은 길은 좁을수록 좋고 나쁜 길은 넓을수록 좋다』 (김수근, 공간사, 2016.6.14.)
- 『당신이 유명한 건축가 김수근 입니까』 (김수근 문화재단, 공간사, 2006.6.7.)

건축을 시로 변화시킨 거장들

지은이	황철호
초판 1쇄 펴낸 날	2022년 5월 25일
인쇄	(주)대한프린테크

펴낸 곳 아키랩
A. 서울시 서초구 양재천로13길 18 2층(양재동)
T. 02-579-7747   F. 02-2057-7756
E. 1979anc@naver.com
H. www.archilab.kr

편집·디자인 마실와이드
A. 서울시 마포구 월드컵로8길 45-8, 1층
T. 02-6010-1022
E. masil@masilwide.com
H. www.masilwide.com

ISBN 979-11-89659-01-1 03540
가격 32,000원

ⓒ황철호, 2022

이 책은 저작권법에 따라 보호받는 저작물이므로 무단전재와 무단복제를 금지하며, 이 책 내용의 일부 또는 전부를 이용하려면 반드시 사전에 저작권자와 출판권자의 서면 동의를 받아야 합니다.